中国古典家具
技艺全书·解析经典

金荣题

"十三五"国家重点图书　　　　总顾问：李　坚　刘泽祥　刘文金

2020年度国家出版基金资助项目　　总主编：周京南　朱志悦　杨　飞

国家出版基金项目
NATIONAL PUBLICATION FOUNDATION

中国古典家具技艺全书

（第二批）

解析经典⑤

承具Ⅰ（方桌、半圆桌）

第十五卷

（总三十卷）

主　编：周京南　卢海华　董　君

中国林业出版社

图书在版编目（CIP）数据

解析经典．⑤ ／ 周京南等总主编．－－ 北京 ：中国林业出版社，2021.1
（中国古典家具技艺全书．第二批）

ISBN 978-7-5219-1022-3

Ⅰ．①解… Ⅱ．①周… Ⅲ．①家具－介绍－中国－古代 Ⅳ．① TS666.202

中国版本图书馆 CIP 数据核字 (2021) 第 023788 号

出 版 人：刘东黎
总 策 划：纪　亮
责任编辑：樊　菲

出　　版：中国林业出版社（100009 北京市西城区刘海胡同 7 号）
印　　刷：北京利丰雅高长城印刷有限公司
发　　行：中国林业出版社
电　　话：010 8314 3610
版　　次：2021 年 1 月第 1 版
印　　次：2021 年 1 月第 1 次
开　　本：889mm×1194mm，1/16
印　　张：18
字　　数：300 千字
图　　片：约 810 幅
定　　价：360.00 元

《中国古典家具技艺全书》（第二批）
总编撰委员会

总 顾 问：李 坚　刘泽祥　刘文金
总 主 编：周京南　朱志悦　杨 飞
书名题字：杨金荣

《中国古典家具技艺全书——解析经典⑤》

主 　 　 编：周京南　卢海华　董 君
编 委 成 员：方崇荣　蒋劲东　马海军　纪 智　徐荣桃
参与绘图人员：李 鹏　孙胜玉　温 泉　刘伯恺　李宇瀚
　　　　　　　李 静　李总华

凡 例

一、本书中的木工匠作术语和家具构件名称主要依照
王世襄先生所著《明式家具研究》的附录一《名
词术语简释》，结合目前行业内通用的说法，力
求让读者能够认同。

二、本书分有多种图题，说明如下：

 1.整体外观为家具的推荐材质外观效果图。

 2.三视结构为家具的三个视角的剖视图。

 3.用材效果为家具的三种主要珍贵用材的展示效果图。

 4.结构爆炸为家具的零部件爆炸图。

 5.结构示意为家具的结构解析和标注图，按照构件的
 部位或类型分类。

 6.细部效果和细部结构为对应的家具构件效果图和三
 视图，其中细部结构中部分构件的俯视图或左视
 图因较为简单，故省略。

三、本书中效果图和CAD图分别编号，以方便读者查找。

四、本书中每件家具的穿销、栽榫、楔钉等另加的榫卯只
绘出效果图，并未绘出CAD图，读者在实际使用中，
可以根据家具用材和尺寸自行决定此类榫卯的数量
和大小。

序 言

李 坚 中国工程院院士

讲到中国的古家具，可谓博大精深，灿若繁星。

从神秘庄严的商周青铜家具，到浪漫拙朴的秦汉大漆家具；从壮硕华美的大唐壶门结构，到精炼简雅的宋代框架结构；从秀丽俊逸的明式风格，到奢华繁复的清式风格，这一漫长而恢宏的演变过程，每一次改良，每一场突破，无不渗透着中国人的文化思想和审美观念，无不凝聚着中国人的汗水与智慧。

家具本是静物，却在中国人的手中活了起来。

木材，是中国古家具的主要材料。通过中国匠人的手，塑出家具的骨骼和形韵，更是其商品价值的重要载体。红木的珍稀世人多少知晓，紫檀、黄花梨、大红酸枝的尊贵和正统更是为人称道，若是再辅以金、骨、玉、瓷、珐琅、螺钿、宝石等珍贵的材料，其华美与金贵无须言表。

纹饰，是中国古家具的主要装饰。纹必有意，意必吉祥，这是中国传统工艺美术的一大特色。纹饰之于家具，不但起到点缀空间、构图美观的作用，还具有强化主题、烘托喜庆的功能。龙凤麒麟、喜鹊仙鹤、八仙八宝、梅兰竹菊，都寓意着美好和幸福，也是刻在中国人骨子里的信念和情结。

造型，是中国古家具的外化表现和功能诉求。流传下来的古家具实物在博物馆里，在藏家手中，在拍卖行里，向世人静静地展现着属于它那个时代的丰姿。即使是从未接触过古家具的人，大概也分得出桌椅几案，柜架床榻，这得益于中国家具的流传有序和中国人制器为用的传统。关于造型的研究更是理论深厚，体系众多，不一而足。

唯有技艺，是成就中国古家具的关键所在，当前并没有被系统地挖掘和梳理，尚处于失传和误传的边缘，显得格外落寞。技艺是连接匠人和器物的桥梁，刀削斧凿，木活生花，是熟练的手法，是自信的底气，也是"手随心驰，心从手思，心手相应"的炉火纯青之境界。但囿于中国传统各行各业间"以师带徒，口传心授"传承方式的局限，家具匠人们的技艺并没有被完整的记录下来，没有翔实的资料，也无标准可依托，这使得中国古典家具技艺在当今社会环境中很难被传播和继承。

此时，由中国林业出版社策划、编辑和出版的《中国古典家具技艺全书》可以说是应运而生，责无旁贷。全套书共三十卷，分三批出版，运用了当前最先进的技术手段，最生动的展现方式，对宋、明、清和现代中式的家具进行了一次系统的、全面的、大体量的收集和整理，通过对家具结构的拆解，家具部件的展示，家具工艺的挖掘，家具制作的考证，为世人揭开了古典家具技艺之美的面纱。图文资料的汇编、尺寸数据的测量、CAD和效果图的绘制以及对相关古籍的研究，以五年的时间铸就此套著作，匠人匠心，在家具和出版两个领域，都光芒四射。全书无疑是一次对古代家具文化的抢救性出版，是对古典家具行业"以师带徒，口传心授"的有益补充和锐意创新，为古典家具技艺的传承、弘扬和发展注入强劲鲜活的动力。

　　党的十八大以来，国家越发重视技艺，重视匠人，并鼓励"推动中华优秀传统文化创造性转化、创新性发展"，大力弘扬"精益求精的工匠精神"。《中国古典家具技艺全书》正是习近平总书记所强调的"坚定文化自信、把握时代脉搏、聆听时代声音，坚持与时代同步伐、以人民为中心、以精品奉献人民、用明德引领风尚"的具体体现和生动诠释。希望《中国古典家具技艺全书》能在全体作者、编辑和其他工作人员的严格把关下，成为家具文化的精品，成为世代流传的经典，不负重托，不辱使命。

2020 年 5 月

前 言

纪 亮　全书总策划

　　中国的古典家具，有着悠久的历史。传说上古之时，神农氏发明了床，有虞氏时出现了俎。商周时代，出现了曲几、屏风、衣架。汉魏以前，家具一般都形体较矮，属于低型家具。自南北朝开始，出现了垂足坐，于是凳、靠背椅等高足家具随之出现。隋唐五代时期，垂足坐的休憩方式逐渐普及，高低型家具并存。宋代以后，高型家具及垂足坐才完全代替了席地坐的生活方式。高型家具经过宋、元两朝的普及发展，到明代中期，已取得了很高的艺术成就，中国古典家具艺术进入成熟阶段，形成了被誉为具有高度艺术成就的"明式家具"。清代家具，承明余续，在造型特征上，骨架粗壮结实，方直造型多于明式曲线造型，题材生动且富于变化，装饰性强，整体大方而局部装饰精细入微。近20年来，古典家具发展迅猛，家具风格在明清家具的基础上不断传承和发展，并形成了独具中国特色的现代中式家具，亦有学者称之为"中式风格家具"。

　　中国的古典家具，经过唐宋的积淀，明清的飞跃，现代的传承，已成为"东方艺术的一颗明珠"。中国古典家具是我国传统造物文化的重要组成和载体，也深深影响着世界近现代的家具设计。国内外研究并出版以古典家具的历史文化、图录资料等内容的著作较多，然而从古典家具技艺的角度出发，挖掘整理的著作少之又少。技艺——是古典家具的精髓，是保护发展我国古典家具的核心所在。为了更好地传承和弘扬我国古典家具文化，全面系统地介绍我国古典家具的制作技艺，提高国家文化软实力，提升民族自信，实现古典家具创造性转化、创新性发展，中国林业出版社聚集行业之力组建《中国古典家具技艺全书》编写工作组。全书以制作技艺为线索，详细介绍了古典家具的结构、造型、制作、解析、鉴赏等内容，全书共30卷，分为榫卯构造、匠心营造、大成若缺、解析经典、美在久成这5个系列陆续出版，并通过数字化手段搭建中国古典家具技艺网和家具技艺APP等。全书力求通过准确的测量、绘制，挖掘、梳理家具技艺，向读者展示中国古典家具的线条美、结构美、造型美、雕刻美、装饰美、材质美。

《解析经典》为本套丛书的第四个系列，共分十卷。本系列以宋明两代绘画中的家具图像和故宫博物院典藏的古典家具实物为研究对象，因无法进行实物测绘，只能借助现代化的技术手段进行场景还原、三维建模、结构模拟等方式进行绘制，并结合专家审读和工匠实践来勘误矫正，最终形成了200余套来自宋、明、清的经典器形的珍贵图录，并按照坐具、承具、卧具、庋具、杂具等类别进行分类，分器形点评、CAD图示、用材效果、结构爆炸、部件示意、细部详解六个层次详细地解析了每件家具。这些丰富而翔实的资料将为我们研究和制作古典家具提供重要的学习和参考资料。本系列丛书中所选器形均为明清家具之经典器物，其中器物的原型几乎均为国之重器，弥足珍贵，故以"解析经典"命名。因家具数量较多、结构复杂，书中难免存在疏漏与错误，望广大读者批评指正，我们也将在再版时陆续修正。

　　最后，感谢国家新闻出版署将本项目列为"十三五"国家重点图书出版规划，感谢国家出版基金规划管理办公室对本项目的支持，感谢为全书的编撰而付出努力的每位匠人、专家、学者和绘图人员。

纪亮

2020 年 12 月

目 录

承具 I

方 桌、半 圆 桌

喷面双枨方桌

材质：黄花梨

丰款：明

整体外观（效果图1）

1. 器形点评

　　此方桌桌面光素平直，攒框打槽装板。四腿为圆材，直落到地。四腿上端有横枨相连，其中正面及后面两腿间安单枨，侧面两腿间安双枨。桌面之下与四腿相交的正面安有云纹牙子。此方桌整体造型柔美，纤细优雅，做工精湛，线脚流畅。

2. CAD 图示

三视结构（CAD图1）

说明：在家具的测量和绘制过程中存在少量国家标准允许的误差；全书计量单位为毫米（mm）。

3. 用材效果

用材效果（材质：紫檀；效果图 2）

用材效果（材质：黄花梨；效果图 3）

用材效果（材质：红酸枝；效果图 4）

4. 结构爆炸

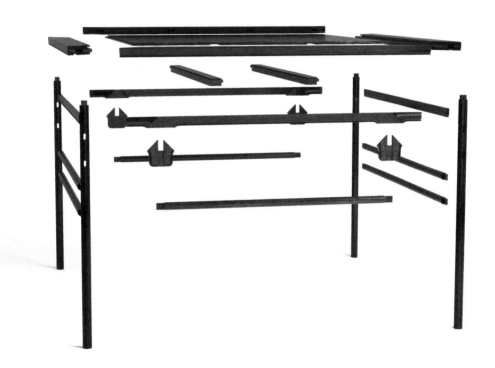

结构爆炸（效果图 5）

5. 部件示意

抹头

穿带

面心

大边

部件示意—桌面（效果图 6）

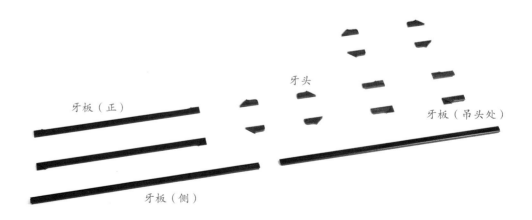

牙头

牙板（正）

牙板（吊头处）

牙板（侧）

部件示意—牙子（效果图 7）

横枨（正）

横枨（侧）

部件示意—横枨（效果图8）

部件示意—腿子（效果图9）

6. 细部详解

细部效果—桌面（效果图 10）

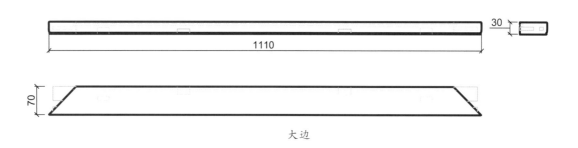

大边

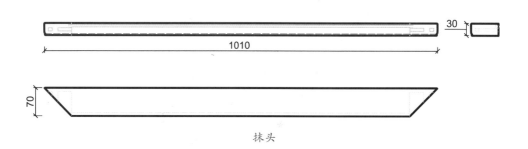

抹头

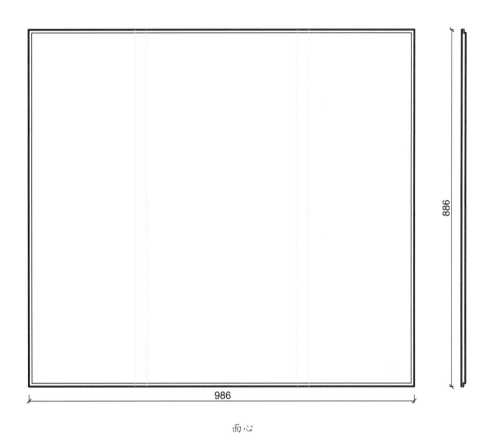

面心

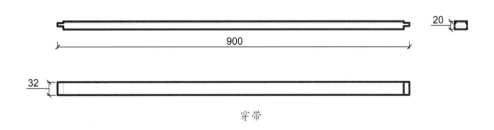

900

20

32

穿带

细部结构—桌面（CAD 图 2 ~ 图 5）

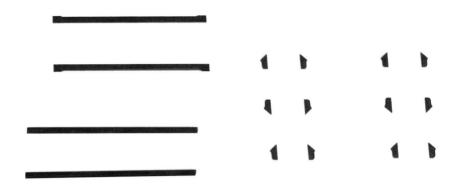

细部效果—牙子（效果图 11）

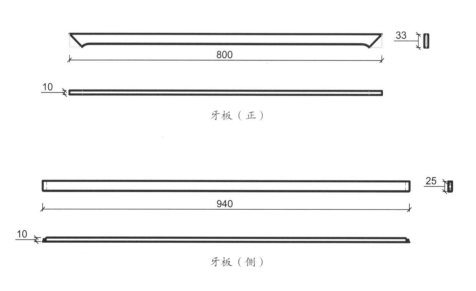

牙板（正）

牙板（侧）

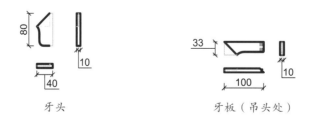

牙头　　　　　　牙板（吊头处）

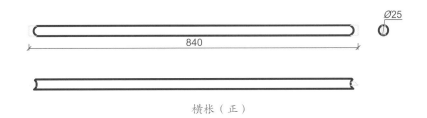

细部效果—横枨（效果图 12）

Ø25

840

横枨（正）

Ø25

940

横枨（侧）

细部结构—横枨（CAD 图 10 ~ 图 11）

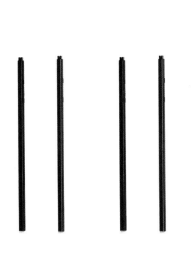

细部效果—腿子（效果图 13）

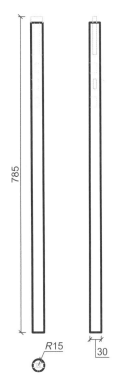

785

R15

30

细部结构—腿子（CAD 图 12）

嵌大理石方桌

材质：红酸枝

年款：明

整体外观（效果图1）

1. 器形点评

  此方桌为四面平式。桌面为正方形，攒框打槽，中镶大理石面心。桌面之下四腿与桌面以粽角榫相接，壶门牙板，牙板边沿起皮条线。四腿为方材，直落到地。四腿上部起云纹翅，足端为内翻马蹄足。此桌造型简洁素雅，纹理优美的大理石镶嵌在桌面之中，恰为点睛之笔，让此桌具有灵韵之气。

2. CAD 图示

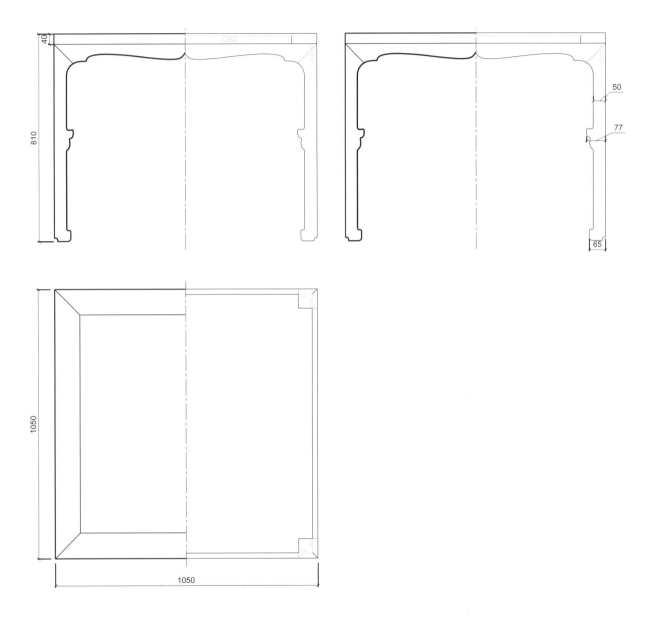

3. 用材效果

用材效果（材质：紫檀；效果图 2）

用材效果（材质：黄花梨；效果图 3）

用材效果（材质：红酸枝；效果图 4）

4.结构爆炸

结构爆炸（效果图5）

5. 部件示意

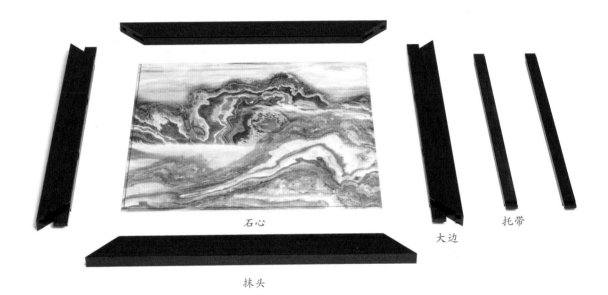

石心

抹头

大边

托带

部件示意—桌面（效果图 6 ）

部件示意—牙板（效果图 7）

部件示意—腿子（效果图 8）

6. 细部详解

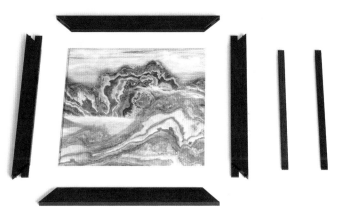

细部效果—桌面（效果图 9）

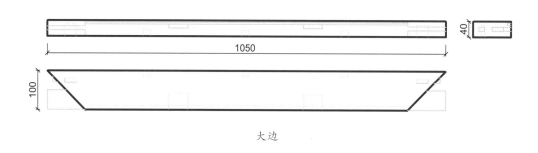

1050

100

40

大边

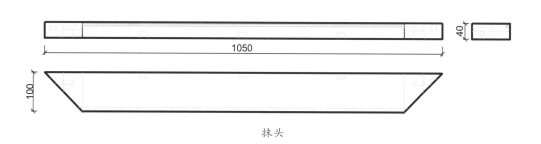

1050

100

40

抹头

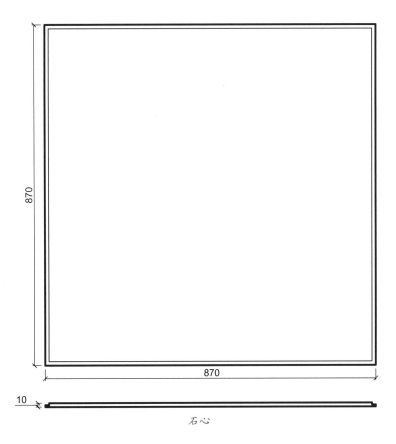

870

870

10

石心

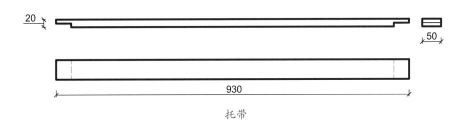

20

50

930

托带

细部结构—桌面（CAD 图 2 ~ 图 5）

细部效果—牙板（效果图10）

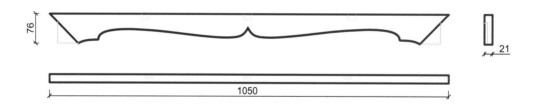

细部结构—牙板（CAD图6）

细部效果—腿子（效果图11）

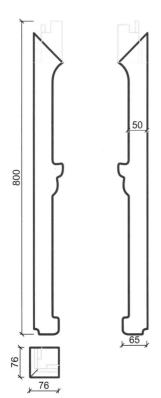

左腿

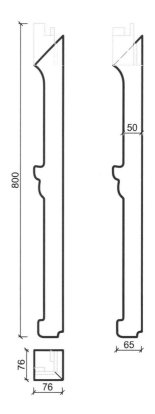

右腿

霸王枨方桌

材质：黄花梨

年款：明

整体外观（效果图1）

1. 器形点评

此方桌桌面光素平直，攒框打槽装板，冰盘沿线脚。桌面下有束腰，牙板与束腰为一木连做。四腿为方材，足端雕内翻马蹄足，四腿上端与桌面底内侧之间安有霸王枨。此桌通体简洁无饰，素雅灵秀，采用霸王枨的结构以加强桌腿与桌面之间的牢固性，是一件经典的明式家具精品。

2. CAD 图示

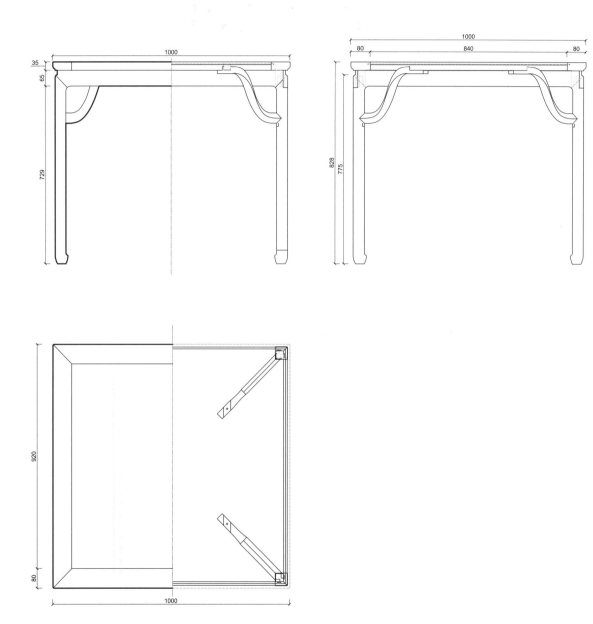

三视结构（CAD 图 1）

3. 用材效果

用材效果（材质：紫檀；效果图 2）

用材效果（材质：黄花梨；效果图 3）

用材效果（材质：红酸枝；效果图 4）

4. 结构爆炸

结构爆炸（效果图5）

5. 部件示意

面心

抹头

穿带

大边

部件示意—桌面（效果图 6）

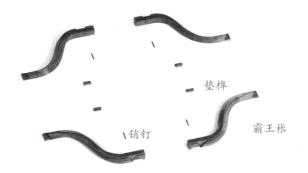

垫榫

销钉

霸王枨

部件示意—霸王枨（效果图 7）

部件示意——木连做束腰与牙板（效果图 8）

部件示意—腿子（效果图 9）

6. 细部详解

细部效果—桌面（效果图 10）

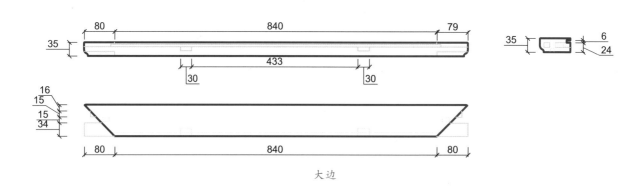

大边

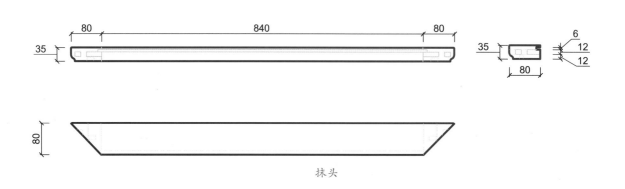

抹头

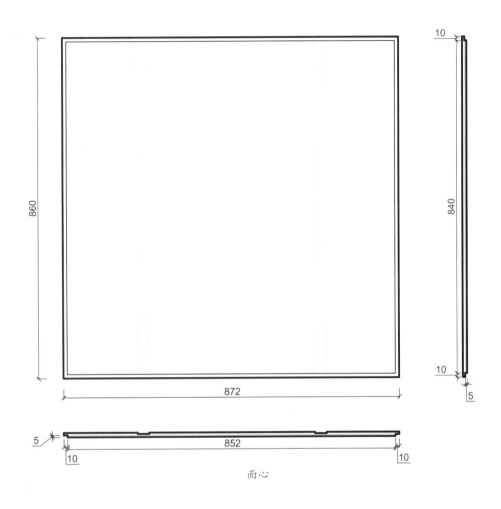

面心

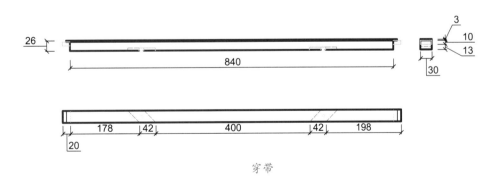

穿带

细部结构—桌面（CAD 图 2 ~ 图 5）

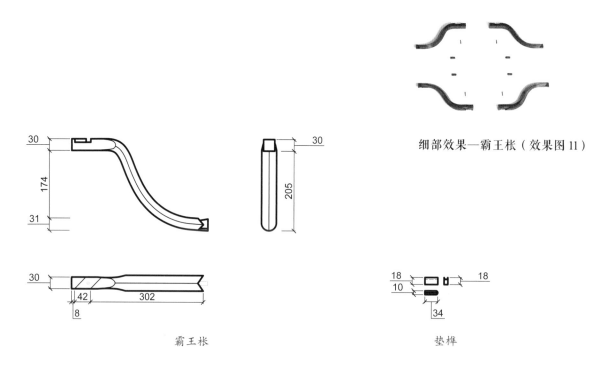

细部效果—霸王枨（效果图 11）

霸王枨

垫榫

细部结构—霸王枨（CAD 图 6 ~ 图 7）

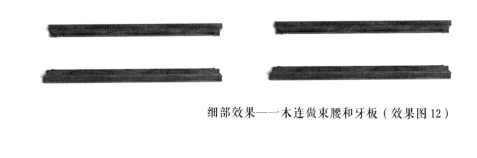

细部效果——木连做束腰和牙板（效果图 12）

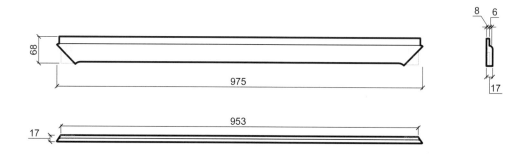

细部结构——木连做束腰和牙板（CAD 图 8）

细部效果—腿子（效果图 13）

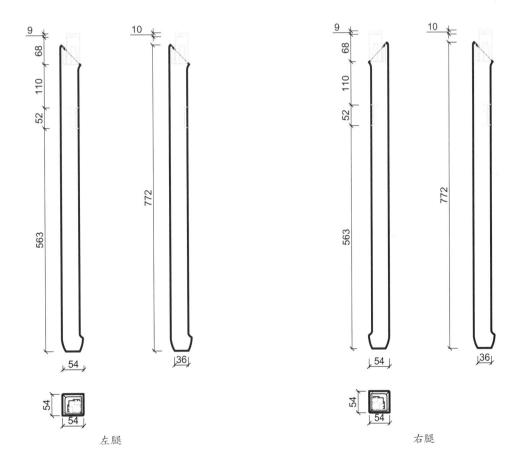

左腿

右腿

细部结构—腿子（CAD 图 9 ~ 图 10）

云纹角牙方桌

材质：黄花梨

年款：明

整体外观（效果图1）

1. 器形点评

　　此方桌桌面近似正方形，攒框打槽装板，桌下四腿为圆材，足端雕成柱础状。四腿上端与桌面之间安云纹角牙。此桌整器做工精湛，没有烦琐的雕饰，唯以简洁的线条取胜。

2. CAD 图示

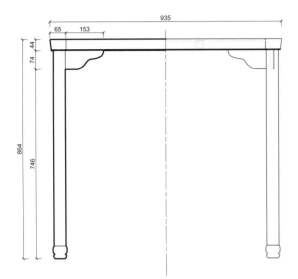

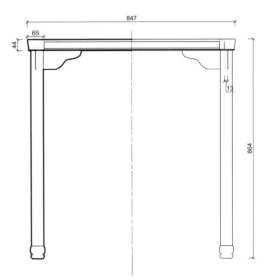

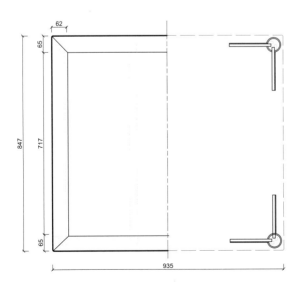

三视结构（CAD 图 1）

3. 用材效果

用材效果（材质：紫檀；效果图 2）

用材效果（材质：黄花梨；效果图 3）

用材效果（材质：红酸枝；效果图 4）

4. 结构爆炸

结构爆炸（效果图 5 ）

5. 部件示意

抹头

面心

穿带

大边

部件示意—桌面（效果图6）

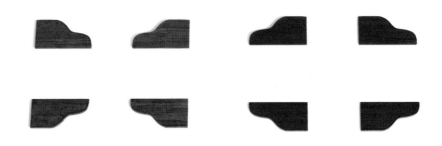

部件示意—角牙（效果图7）

36

部件示意—腿子（效果图 8）

6. 细部详解

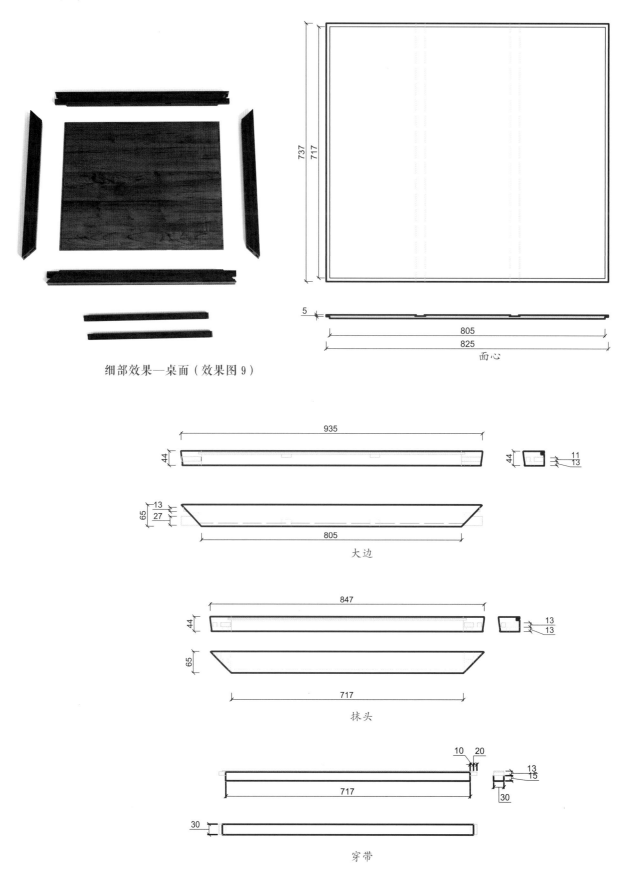

细部效果—桌面（效果图 9）

面心

大边

抹头

穿带

细部结构—桌面（CAD 图 2 ~ 图 5）

细部效果—角牙（效果图 10）

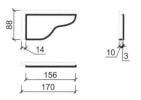

细部结构—角牙（CAD 图 6）

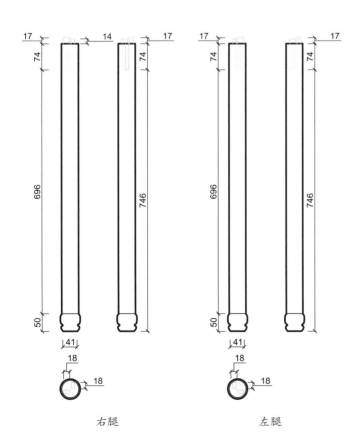

右腿　　　　　　　左腿

细部结构—腿子（CAD 图 7～图 8）

细部效果—腿子（效果图 11）

一腿三牙方桌

材质：黄花梨

年款：明

整体外观（效果图1）

1. 器形点评

此方桌的桌面为规矩的正方形，桌面喷出，桌面之下为素牙板、素牙头。四腿为圆材，直落到地，微外展。桌腿上部紧贴着牙板处装有拱起的罗锅枨，在桌腿与桌面之间的斜外侧又装有一个素角牙，这样一来，在桌腿与桌面相交处的左右及侧面共有三块牙子抵夹，是为一腿三牙结构。此做法不仅起到加固作用，也增添了一丝美感，是明式家具的典型做法，看上去简洁明快、疏朗自然。

2. CAD 图示

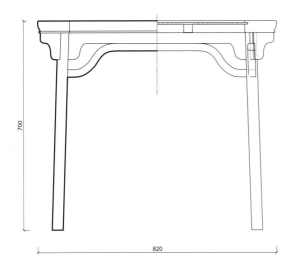

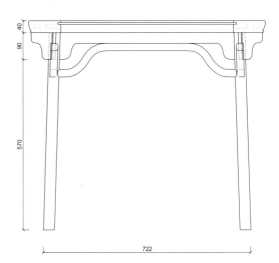

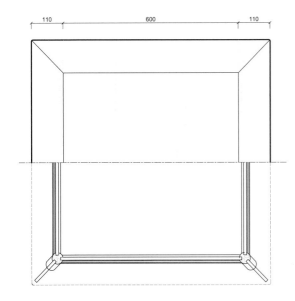

三视结构（CAD 图 1）

3. 用材效果

用材效果（材质：紫檀；效果图 2）

用材效果（材质：黄花梨；效果图 3）

用材效果（材质：红酸枝；效果图 4）

4. 结构爆炸

结构爆炸（效果图 5）

5. 部件示意

抹头

面心

大边

穿带

部件示意—桌面（效果图 6）

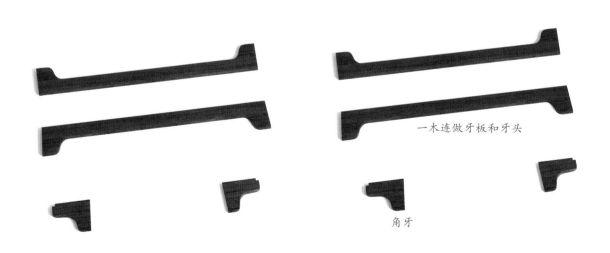

一木连做牙板和牙头

角牙

部件示意—牙子（效果图 7）

44

部件示意—罗锅枨（效果图 8）

部件示意—腿子（效果图 9）

6. 细部详解

细部效果—桌面（效果图10）

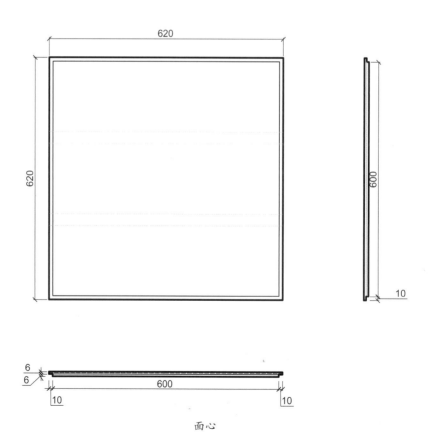

面心

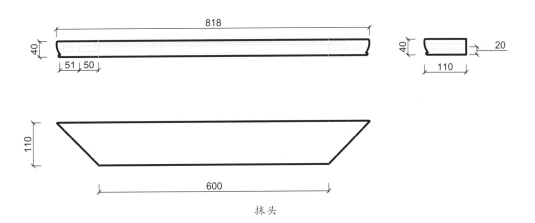

抹头

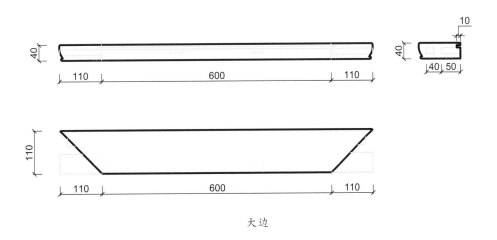

大边

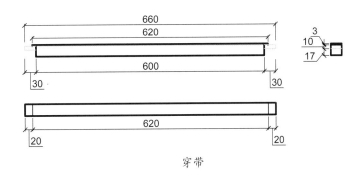

穿带

细部结构—桌面（CAD 图 2 ~ 图 5）

细部效果—罗锅枨（效果图11）

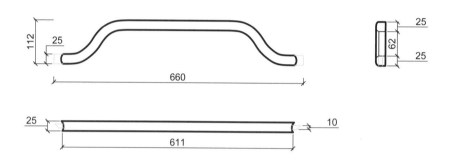

细部结构—罗锅枨（CAD图6）

角牙

一木连做牙板和牙头

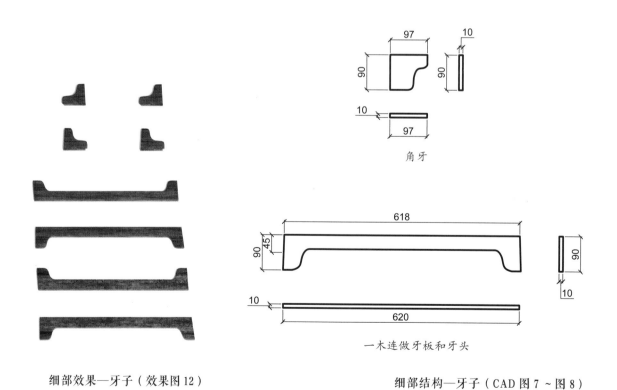

细部效果—牙子（效果图12）

细部结构—牙子（CAD图7～图8）

细部效果—腿子（效果图 13）

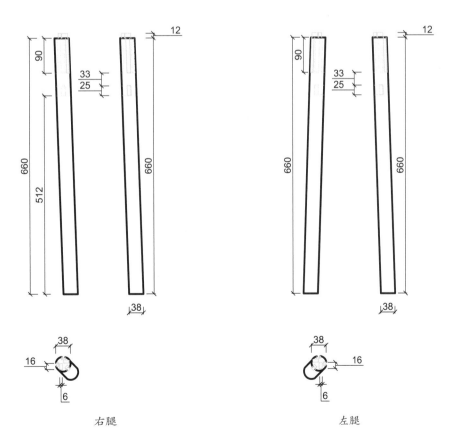

右腿

左腿

细部结构—腿子（CAD 图 9 ~ 图 10）

霸王枨云纹方桌

材质：黄花梨

丰款：明

整体外观（效果图 1）

1. 器形点评

    此方桌桌面攒框打槽装板，冰盘沿线脚。桌面之下装直牙板，牙头透雕出两卷相对的云纹。四腿为圆材，修长逸秀，四腿上端与桌面底之间安有霸王枨，以增加稳定性。此方桌是一件用料上乘、做工经典的明式风格家具。

2. CAD 图示

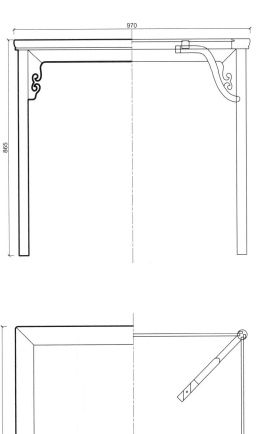

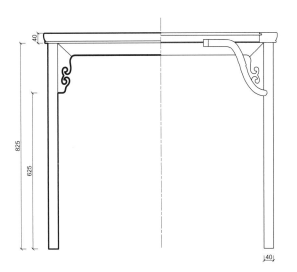

970

865

40

825

625

40

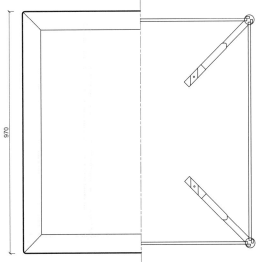

970

主视图　左视图
俯视图

三视结构（CAD 图 1）

3. 用材效果

用材效果（材质：紫檀；效果图 2 ）

用材效果（材质：黄花梨；效果图 3 ）

用材效果（材质：红酸枝；效果图 4 ）

4. 结构爆炸

结构爆炸（效果图 5）

5. 部件示意

抹头

面心

穿带

大边

部件示意—桌面（效果图 6）

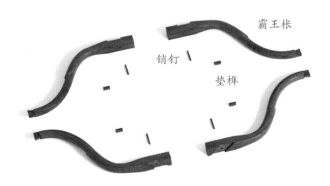

霸王枨

销钉

垫榫

部件示意—霸王枨（效果图 7）

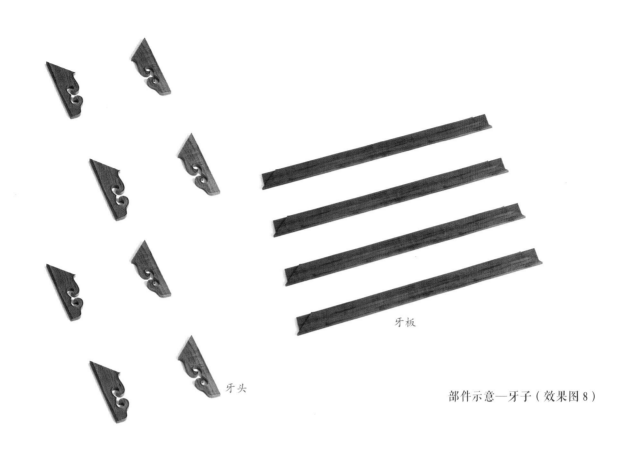

牙板

牙头

部件示意—牙子（效果图 8）

部件示意—腿子（效果图 9）

55

6. 细部详解

细部效果—桌面（效果图 10）

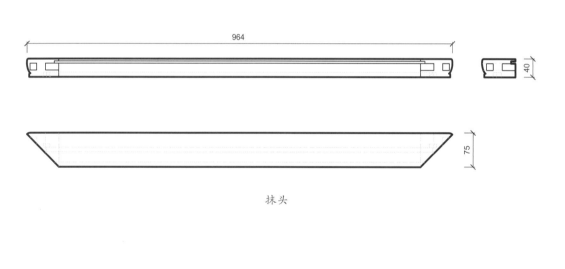

抹头

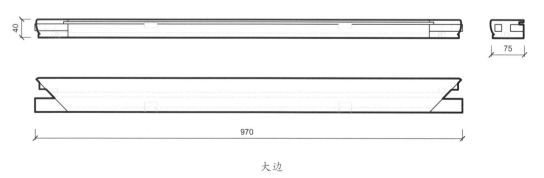

大边

840

10

面心

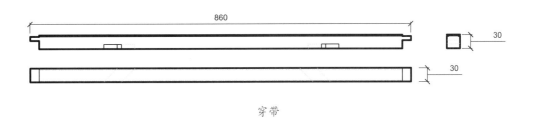

860

30

30

穿带

细部结构—桌面（CAD 图 2 ~ 图 5）

细部效果—牙子（效果图 11）

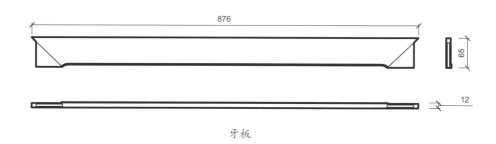

牙板

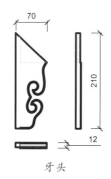

牙头

细部结构—牙子（CAD 图 6 ~ 图 7）

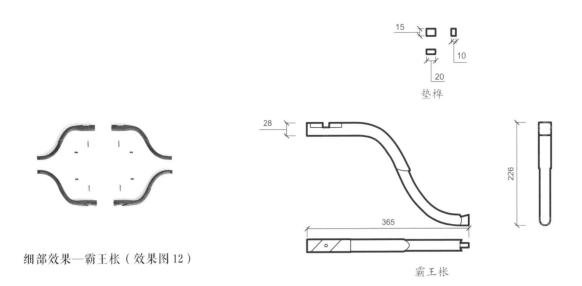

15

10

20

垫榫

28

365

226

细部效果—霸王枨（效果图 12）

霸王枨

细部结构—霸王枨（CAD 图 8 ~ 图 9）

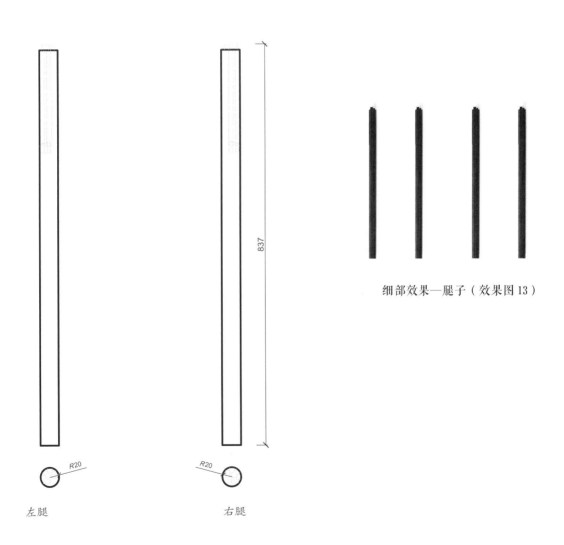

837

R20

R20

左腿

右腿

细部效果—腿子（效果图 13）

细部结构—腿子（CAD 图 10 ~ 图 11）

罗锅枨加矮老方桌

材质：黄花梨

年款：明

整体外观（效果图1）

1. 器形点评

此方桌桌面方正平直，攒框打槽装板，冰盘沿线脚。四条桌腿为圆材，直落到地。四腿上端接近桌面处安有拱起的罗锅枨，枨上装矮老。此桌整体没有烦琐的雕饰，造型简洁疏朗，线条明快，是明式家具中的经典器形。

2. CAD 图示

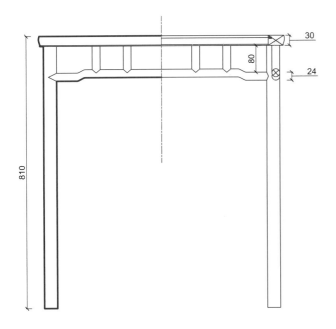

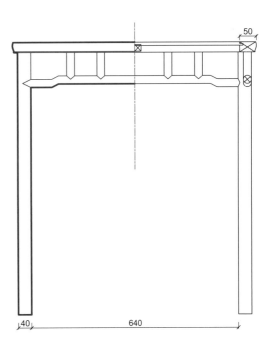

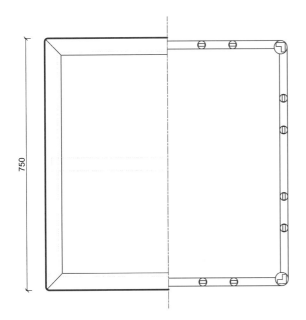

三视结构（CAD 图 1）

3. 用材效果

用材效果（材质：紫檀；效果图 2）

用材效果（材质：黄花梨；效果图 3）

用材效果（材质：红酸枝；效果图 4）

4. 结构爆炸

结构爆炸（效果图 5）

5. 部件示意

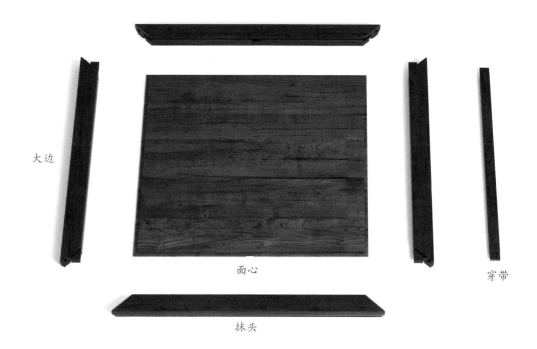

大边

面心

穿带

抹头

部件示意—桌面（效果图 6）

部件示意—矮老（效果图 7）

部件示意—罗锅枨（效果图 8）

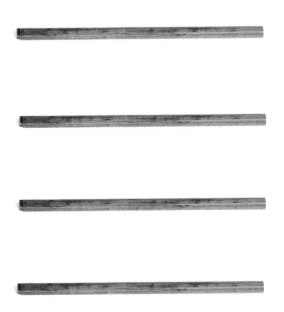

部件示意—腿子（效果图 9）

6. 细部详解

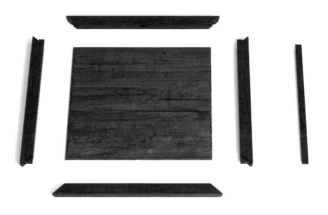

细部效果—桌面（效果图 10）

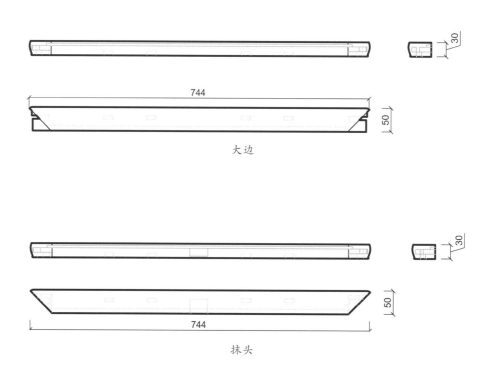

大边

抹头

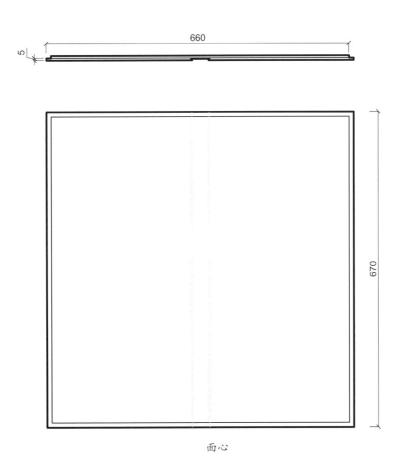

面心

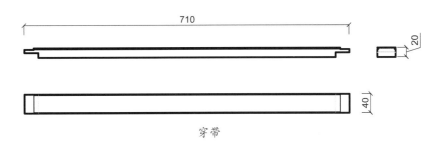

穿带

细部结构—桌面（CAD 图 2 ~ 图 5）

细部效果—罗锅枨（效果图11）

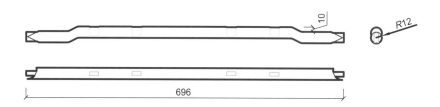

细部结构—罗锅枨（CAD图6）

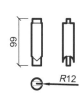

细部结构—矮老（CAD图7）

细部效果—矮老（效果图12）

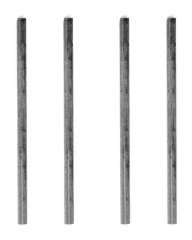

细部效果—腿子（效果图 13）

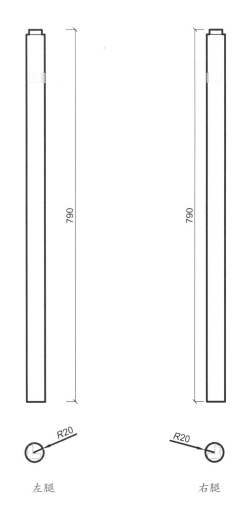

左腿　　　　　右腿

细部结构—腿子（CAD 图 8 ~ 图 9）

喷面罗锅枨方桌

材质：黄花梨

丰款：明

整体外观（效果图1）

1. 器形点评

此方桌桌面为规整的正方形，平直光素，桌面之下装有素牙板、素牙头。四腿为方材，直落到地，四腿上端安罗锅枨。此桌在桌腿之间及其斜外侧均装有牙子，三面抵夹桌腿，形成一腿三牙的结构，为典型的明式家具表现手法，既起到加固作用，又有美观效果。

2. CAD 图示

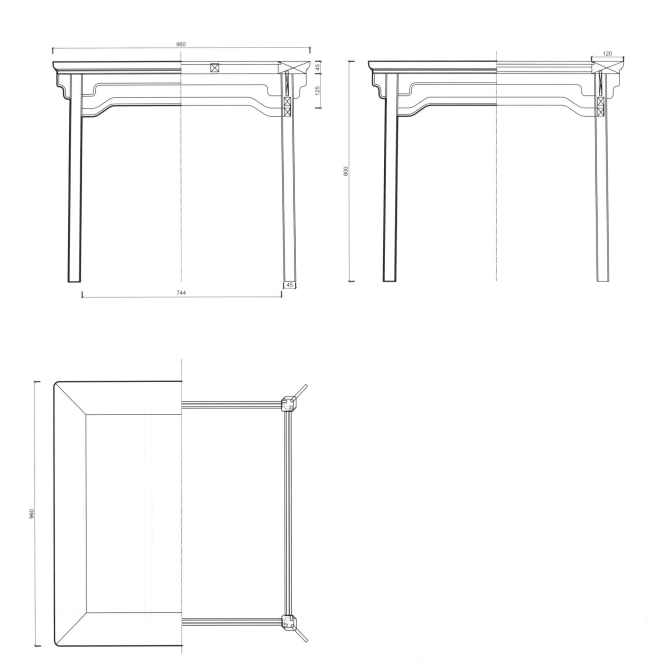

3. 用材效果

用材效果（材质：紫檀；效果图 2）

用材效果（材质：黄花梨；效果图 3）

用材效果（材质：红酸枝；效果图 4）

4. 结构爆炸

结构爆炸（效果图 5）

5. 部件示意

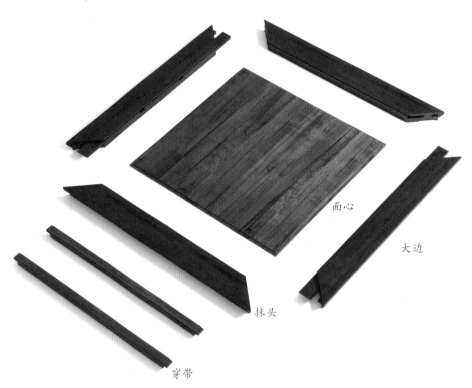

面心

大边

抹头

穿带

部件示意—桌面（效果图 6）

部件示意—腿子（效果图 7）

74

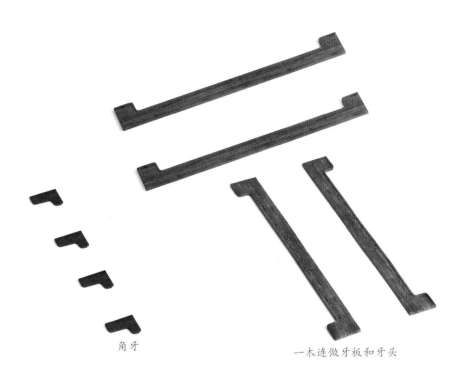

角牙

一木连做牙板和牙头

部件示意—牙子（效果图 8）

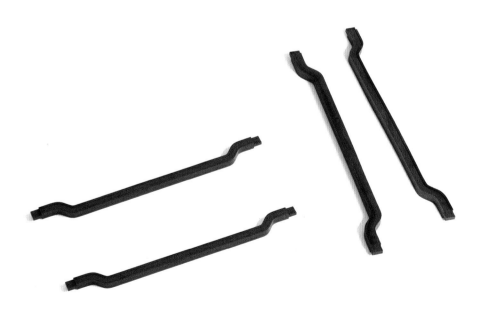

部件示意—罗锅枨（效果图 9）

75

6. 细部详解

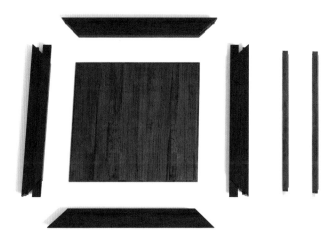

细部效果—桌面（效果图 10）

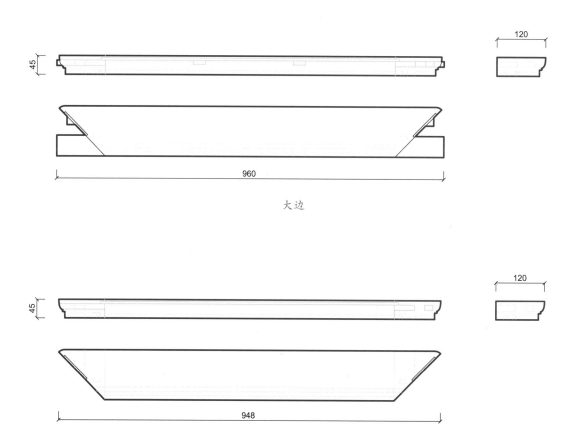

大边

抹头

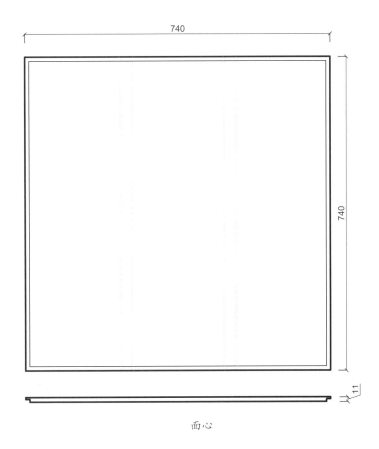

面心

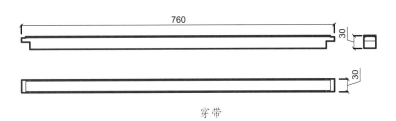

穿带

细部结构—桌面（CAD 图 2 ~ 图 5）

细部效果—牙子（效果图11）

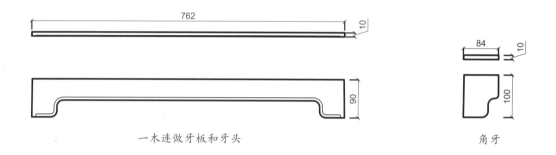

762   10

84   10

90   100

一木连做牙板和牙头   角牙

细部结构—牙子（CAD图6～图7）

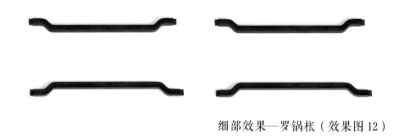

细部效果—罗锅枨（效果图12）

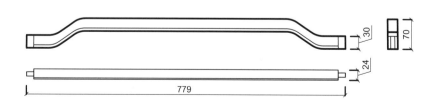

30   70

24

779

细部结构—罗锅枨（CAD图8）

细部效果—腿子（效果图 13）

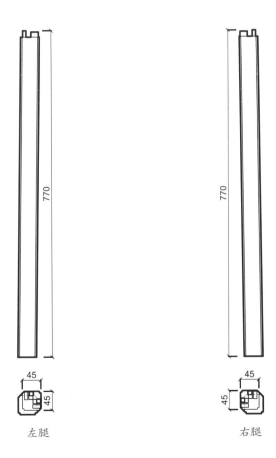

左腿

右腿

细部结构—腿子（CAD 图 9 ~ 图 10）

瓜棱腿罗锅枨方桌

材质：黄花梨

丰款：明

整体外观（效果图1）

1. 器形点评

　　此方桌桌面略微喷出，攒框打槽装板，冰盘沿线脚。卷草纹牙板，牙板边缘起皮条线。四腿为瓜棱腿，劈料做，直落到地。腿子上端又装有罗锅枨，枨上加云纹卡子花与牙板相接。此桌在桌面与每条桌腿相交处的正侧两面以及斜外侧均装有云头牙子，为一腿三牙的结构，装饰无多，恰到好处，是一件经典的明式家具。

2. CAD 图示

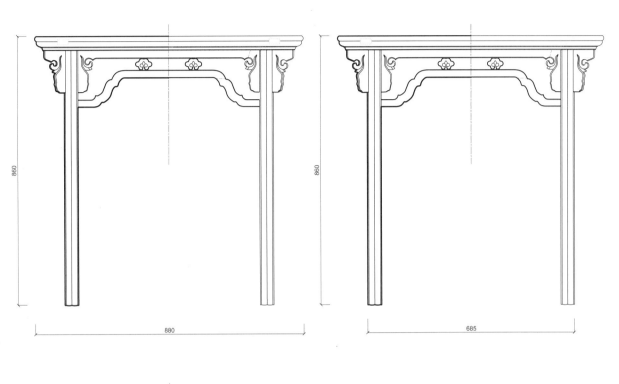

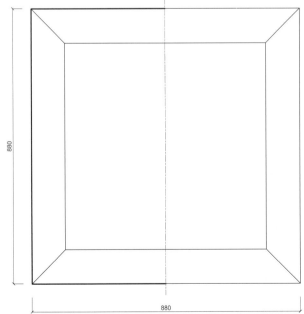

三视结构（CAD 图 1）

3. 用材效果

用材效果（材质：紫檀；效果图 2）

用材效果（材质：黄花梨；效果图 3）

用材效果（材质：红酸枝；效果图 4）

4. 结构爆炸

结构爆炸（效果图5）

5. 部件示意

抹头

面心

大边

穿带

部件示意—桌面（效果图 6）

部件示意—腿子（效果图 7）

84

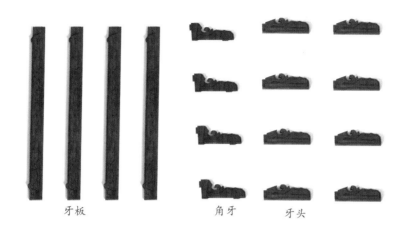

牙板　　　　　　　角牙　　　牙头

部件示意—牙子（效果图 8）

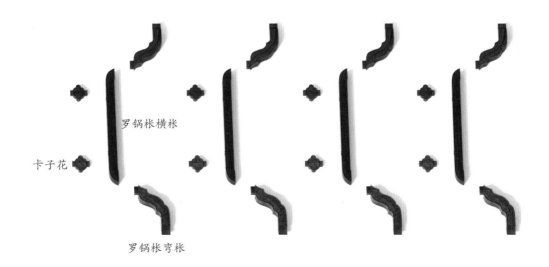

罗锅枨横枨

卡子花

罗锅枨弯枨

部件示意—罗锅枨和卡子花（效果图 9）

6. 细部详解

细部效果—桌面（效果图 10）

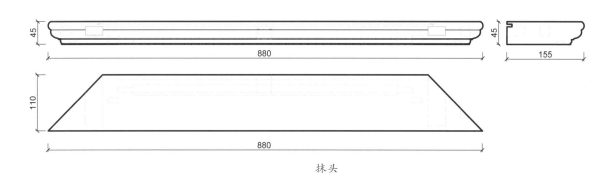

抹头

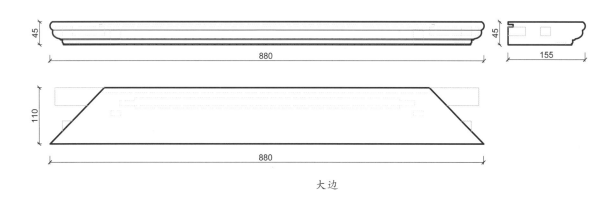

大边

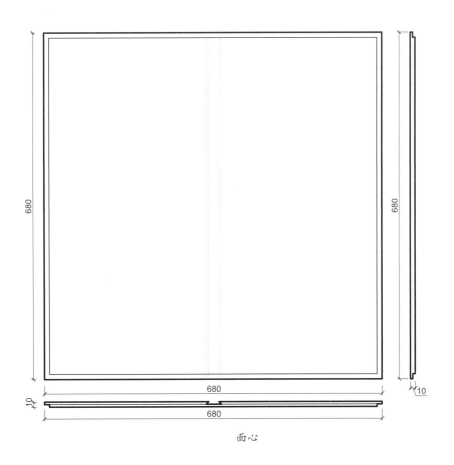

面心

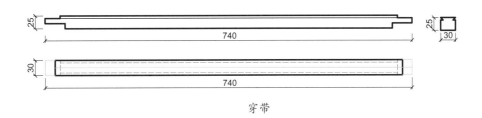

穿带

细部结构—桌面（CAD 图 2～图 5）

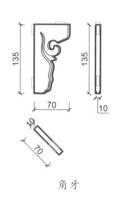

细部效果—牙子（效果图 11）

角牙

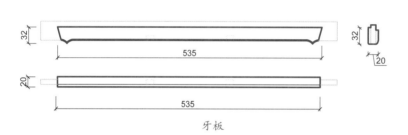
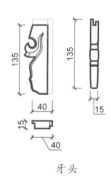

牙板

牙头

细部结构—牙子（CAD 图 6 ~ 图 8）

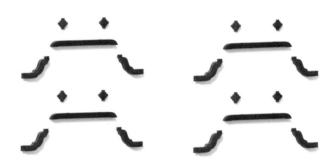

细部效果—罗锅枨和卡子花（效果图 12）

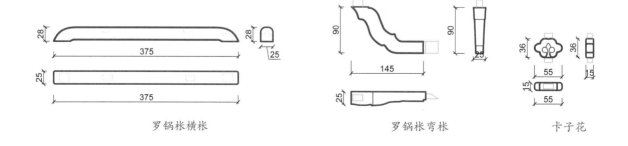

罗锅枨横枨

罗锅枨弯枨

卡子花

细部结构—罗锅枨和卡子花（CAD 图 9 ~ 图 11）

细部效果—腿子（效果图 13）

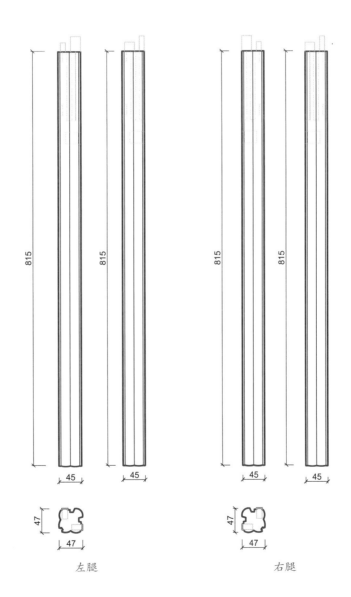

左腿　　　　　　　　　　　　右腿

细部结构—腿子（CAD 图 12 ~ 图 13）

89

螭纹卡子花方桌

材质：黄花梨

丰款：明

整体外观（效果图1）

1. 器形点评

　　此方桌桌面平直，攒框打槽装板，桌面边沿打洼，冰盘沿线脚。桌面下有极窄的束腰，束腰和牙板为一木连做。四腿为方材，直落到地，腿子边缘起皮条线，下为内翻马蹄足。四腿上端装罗锅枨，枨上安团螭龙纹卡子花与牙板相接。此方桌造型规整，线条美观大方，有清新逸朗之感。

2. CAD 图示

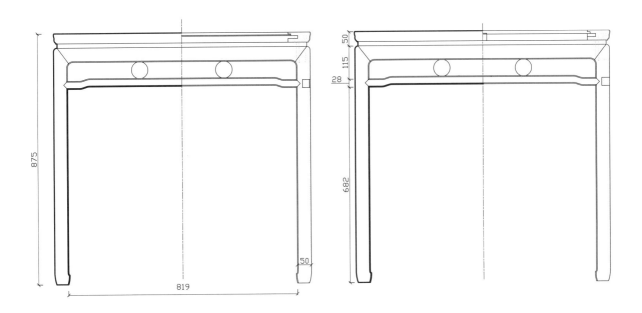

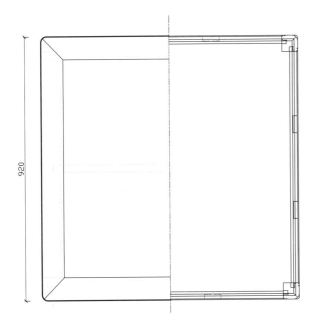

三视结构（CAD 图 1）

注：视图中部分纹饰略去。

3. 用材效果

用材效果（材质：紫檀；效果图 2）

用材效果（材质：黄花梨；效果图 3）

用材效果（材质：红酸枝；效果图 4）

4. 结构爆炸

结构爆炸（效果图 5）

5. 部件示意

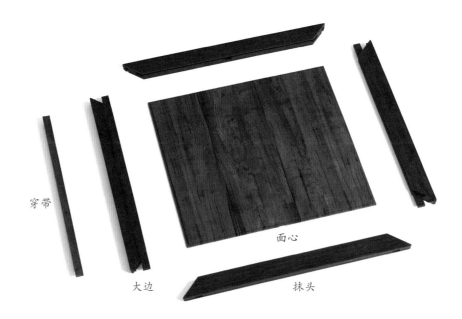

穿带

面心

大边

抹头

部件示意—桌面（效果图 6）

部件示意—腿子（效果图 7）

94

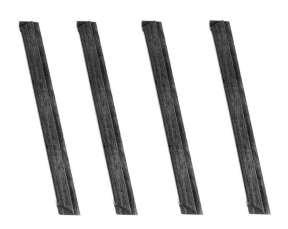

部件示意—一木连做束腰和牙板（效果图 8）

部件示意—卡子花（效果图 9）

部件示意—罗锅枨（效果图 10）

6. 细部详解

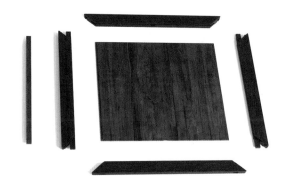

细部效果—桌面（效果图11）

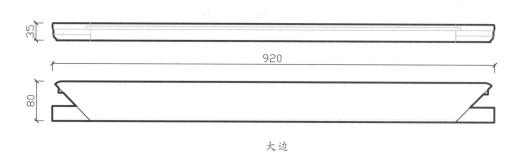

920

80

大边

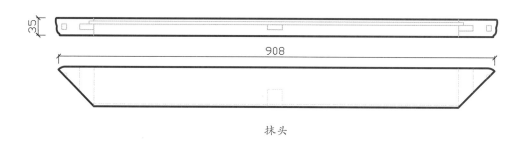

908

抹头

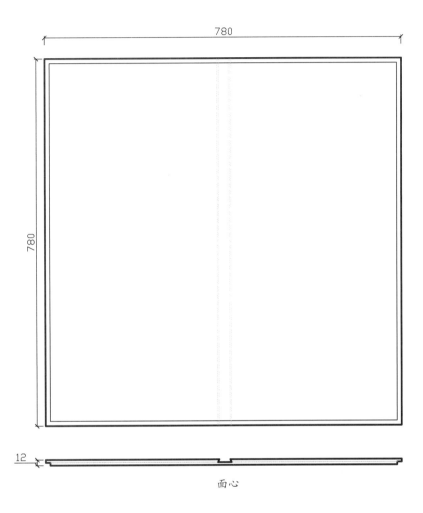

780

780

12

面心

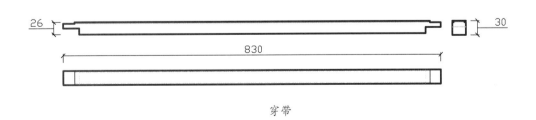

26

30

830

穿带

细部结构—桌面（CAD 图 2 ~ 图 5）

97

细部效果—罗锅枨（效果图 12）

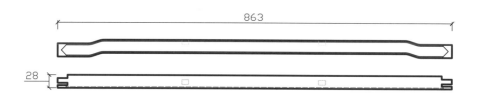

细部结构—罗锅枨（CAD 图 6）

细部效果—一木连做束腰和牙板（效果图 13）

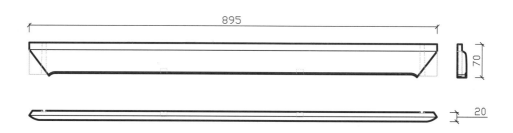

细部结构—一木连做束腰和牙板（CAD 图 7）

细部效果—卡子花（效果图 14）

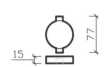

细部结构—卡子花（CAD 图 8）

细部效果—腿子（效果图 15）

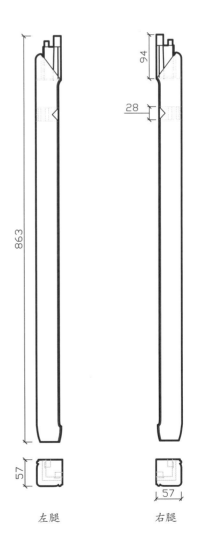

左腿　　　　　右腿

细部结构—腿子（CAD 图 9 ～ 图 10）

罗锅枨圆腿方桌

材质：黄花梨

丰款：明

整体外观（效果图1）

1. 器形点评

  此方桌桌面方正平直，攒框打槽装板，冰盘沿线脚。四条桌腿为圆材，直落到地。四腿上端接近桌面处安有罗锅枨，枨上装矮老。此桌简洁疏朗，线条明快，是明式家具的经典器形。

2. CAD 图示

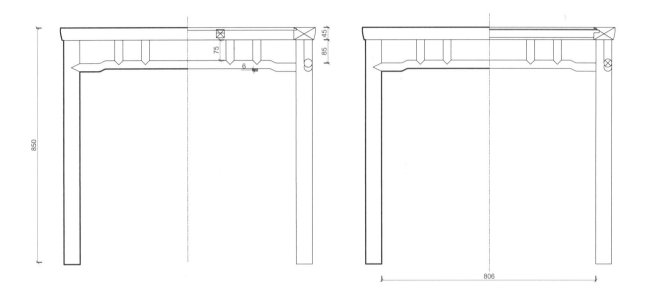

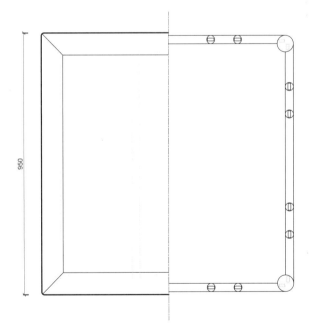

三视结构（CAD 图 1）

3. 用材效果

用材效果（材质：紫檀；效果图 2）

用材效果（材质：黄花梨；效果图 3）

用材效果（材质：红酸枝；效果图 4）

4. 结构爆炸

结构爆炸（效果图 5）

5. 部件示意

穿带　　抹头　　面心　　大边

部件示意—桌面（效果图 6）

部件示意—罗锅枨（效果图 7）

部件示意—矮老（效果图 8）

部件示意—腿子（效果图 9）

6. 细部详解

细部效果—桌面（效果图 10）

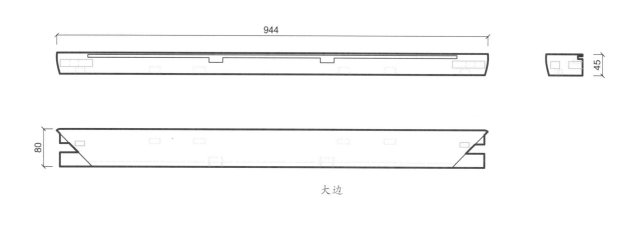

大边

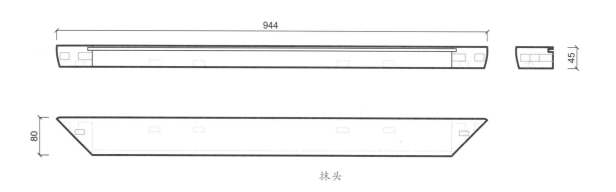

抹头

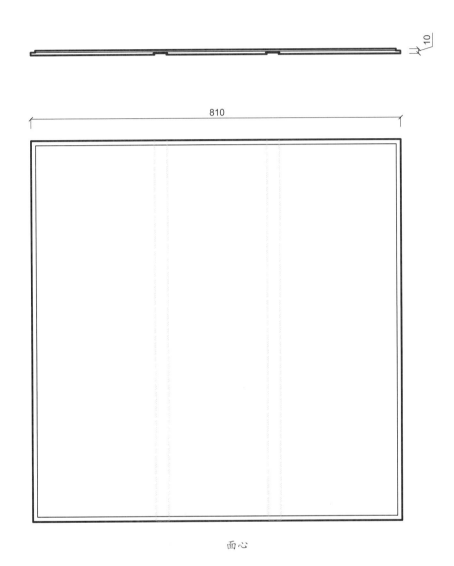

10

810

面心

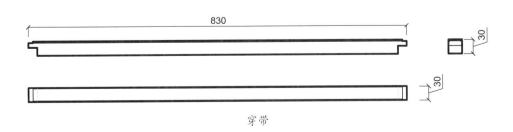

830

30

30

穿带

细部结构—桌面（CAD 图 2 ~ 图 5）

细部效果—罗锅枨（效果图 11）

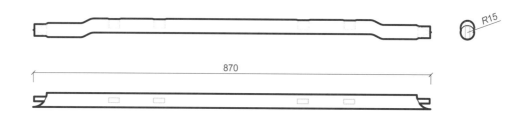

870

细部结构—罗锅枨（CAD 图 6）

细部效果—矮老（效果图 12）

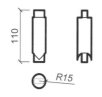

110

R15

细部结构—矮老（CAD 图 7）

细部效果—腿子（效果图 13）

829

829

R30

R30

左腿

右腿

细部结构—腿子（CAD 图 8 ~ 图 9）

嵌玉卡子花盘长纹方桌

材质：黄花梨

年款：清

整体外观（效果图1）

1. 器形点评

　　此桌为四面平式，桌面与四腿以粽角榫相交。四腿为方材，直下，至足端形成内翻勾云足。四腿上端安有横枨，横枨中间为透雕盘长纹构件，横枨两端装透雕卷云纹牙子与桌腿相交，枨上安嵌玉卡子花。

2. CAD 图示

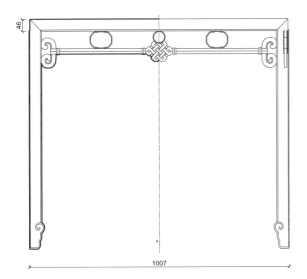

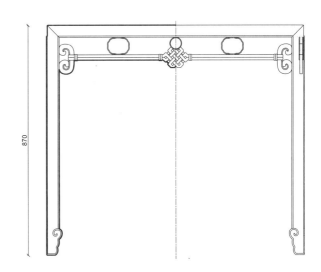

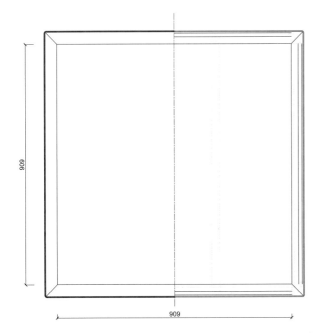

三视结构（CAD 图 1）

3. 用材效果

用材效果（材质：紫檀；效果图 2）

用材效果（材质：黄花梨；效果图 3）

用材效果（材质：红酸枝；效果图 4）

4. 结构爆炸

结构爆炸（效果图 5）

113

5. 部件示意

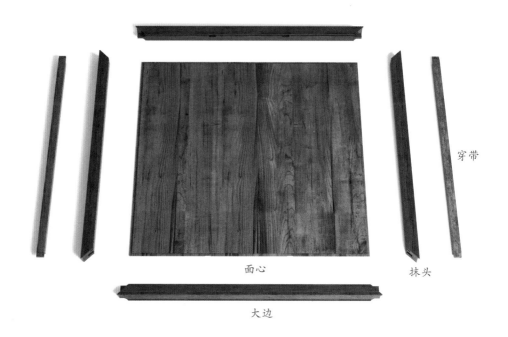

面心   抹头   穿带

大边

部件示意—桌面（效果图6）

部件示意—腿子（效果图7）

部件示意—牙子（效果图 8）

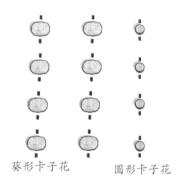

葵形卡子花　　圆形卡子花

部件示意—卡子花（效果图 9）

横枨

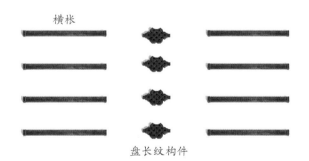

盘长纹构件

部件示意—横枨结构（效果图 10）

6. 细部详解

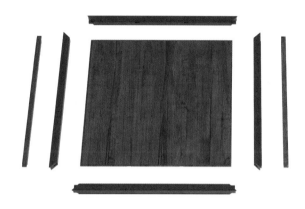

细部效果—桌面（效果图11）

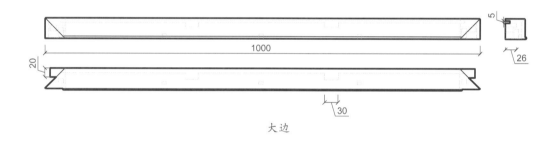

大边

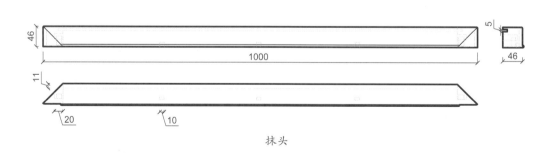

抹头

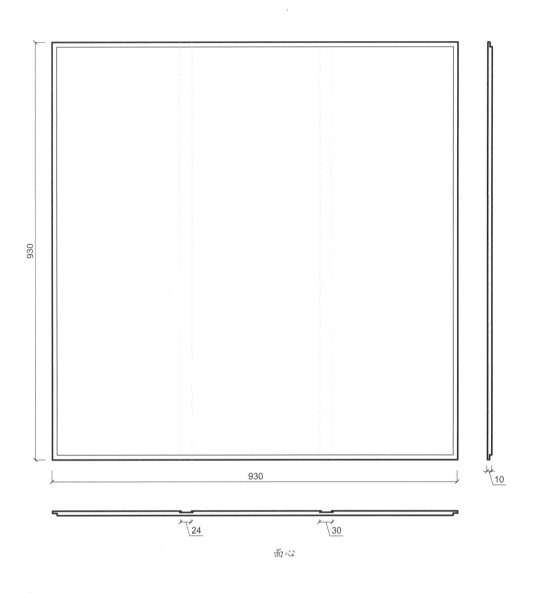

面心

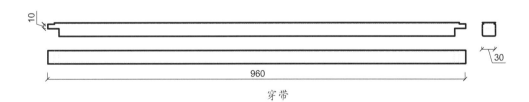

穿带

细部结构—桌面（CAD 图 2 ~ 图 5）

细部效果—牙子（效果图12）

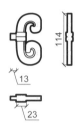

细部结构—牙子（CAD图6）

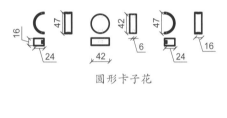

圆形卡子花

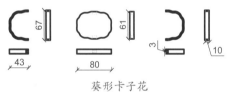

葵形卡子花

细部结构—卡子花（CAD图7～图8）

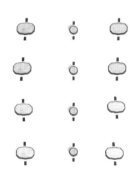

细部效果—卡子花（效果图13）

细部效果—横枨结构（效果图14）

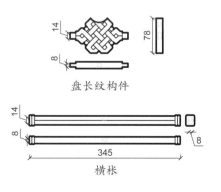

盘长纹构件

横枨

细部结构—横枨结构（CAD图9～图10）

细部效果—腿子（效果图 15）

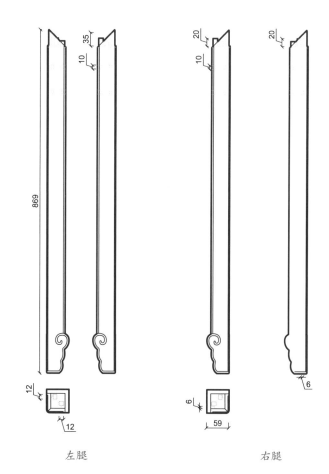

左腿　　　　　　　　　右腿

细部结构—腿子（CAD 图 11 ~ 图 12）

卷云纹直腿方桌

材质：黄花梨

年款：清

整体外观（效果图1）

1. 器形点评

    此桌桌面方正平直，下有束腰，束腰上有长方形开光。洼堂肚牙板中间雕饰卷云纹，卷云纹两侧雕饰云纹翅。四腿为方材，直落到地。整器造型简洁明快，线条流畅。

2. CAD 图示

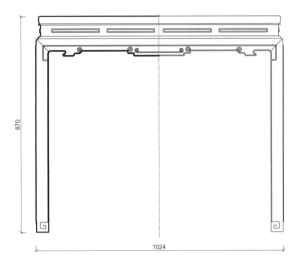

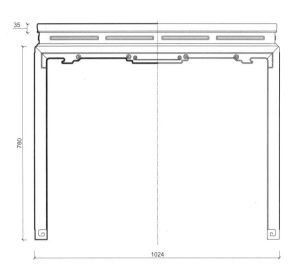

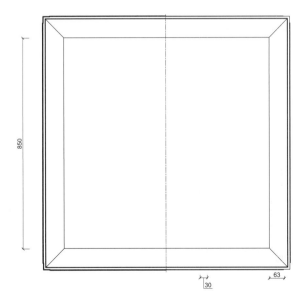

三视结构（CAD 图 1）

3. 用材效果

用材效果（材质：紫檀；效果图 2）

用材效果（材质：黄花梨；效果图 3）

用材效果（材质：红酸枝；效果图 4）

4. 结构爆炸

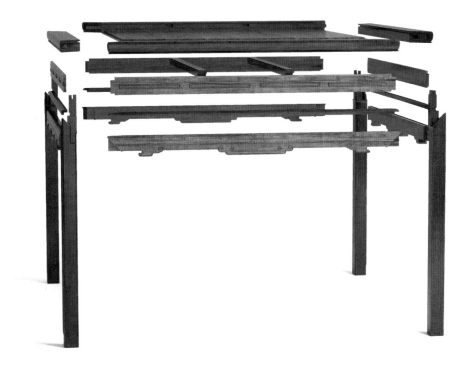

结构爆炸（效果图 5）

5. 部件示意

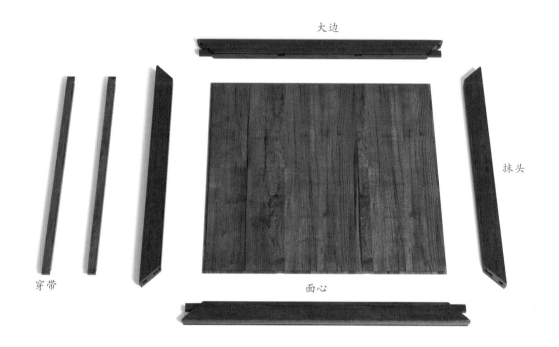

大边

抹头

穿带

面心

部件示意—桌面（效果图 6）

部件示意—束腰（效果图 7）

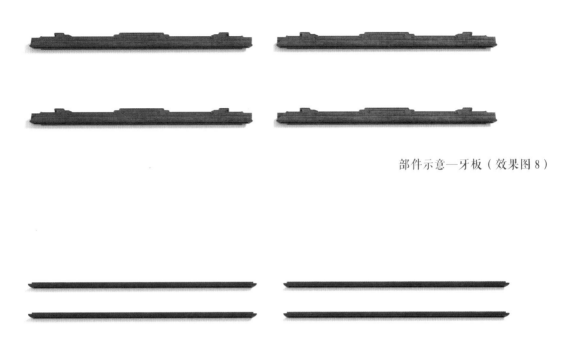

部件示意—牙板（效果图 8）

部件示意—托腮（效果图 9）

部件示意—腿子（效果图 10）

6. 细部详解

细部效果—桌面（效果图11）

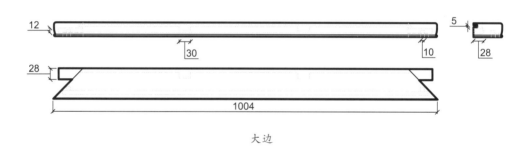

大边

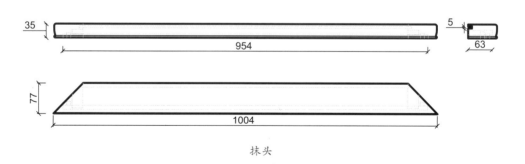

抹头

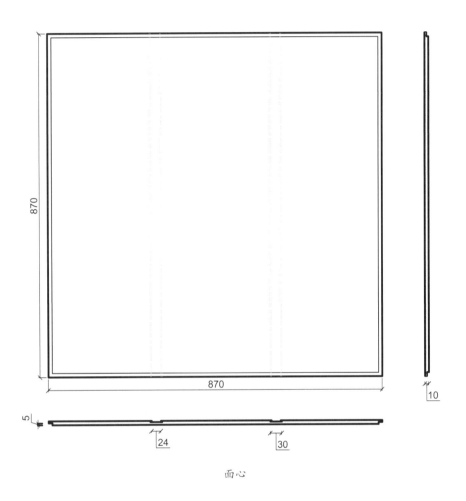

面心

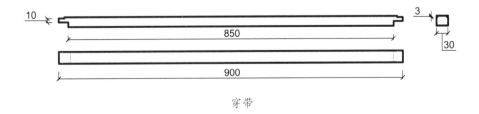

穿带

细部结构—桌面（CAD 图 2 ~ 图 5）

细部效果—束腰（效果图 12）

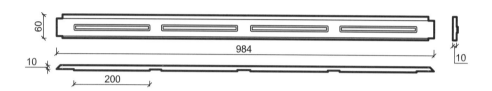

细部结构—束腰（CAD 图 6）

细部效果—托腮（效果图 13）

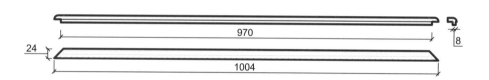

细部结构—托腮（CAD 图 7）

细部效果—牙板（效果图 14）

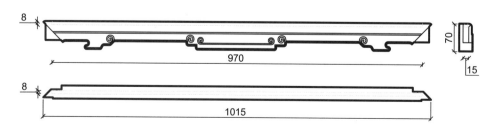

细部结构—牙板（CAD 图 8）

细部效果—腿子（效果图 15）

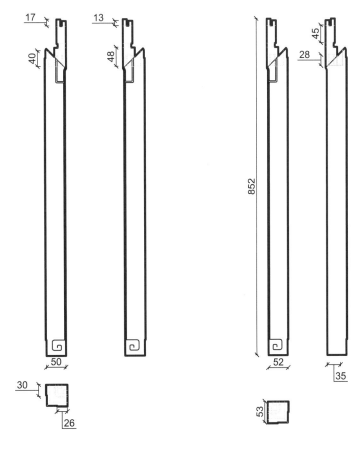

左腿   右腿

细部结构—腿子（CAD 图 9 ~ 图 10）

夔龙纹有抽屉方桌

材质：紫檀

丰款：清

整体外观（效果图1）

1. 器形点评

此桌桌面为正方形，边抹略打洼，桌面之下一木连做的束腰与牙板处装暗屉四具。四腿为方材，直落到地，足端形成内翻马蹄足。四腿上端紧贴束腰抽屉处，安有罗锅枨结构的牙条，罗锅枨两端为透雕夔龙纹牙头。此桌雕饰精美，设计巧妙，在束腰的地方安有抽屉一对，颇见匠心。

2. CAD 图示

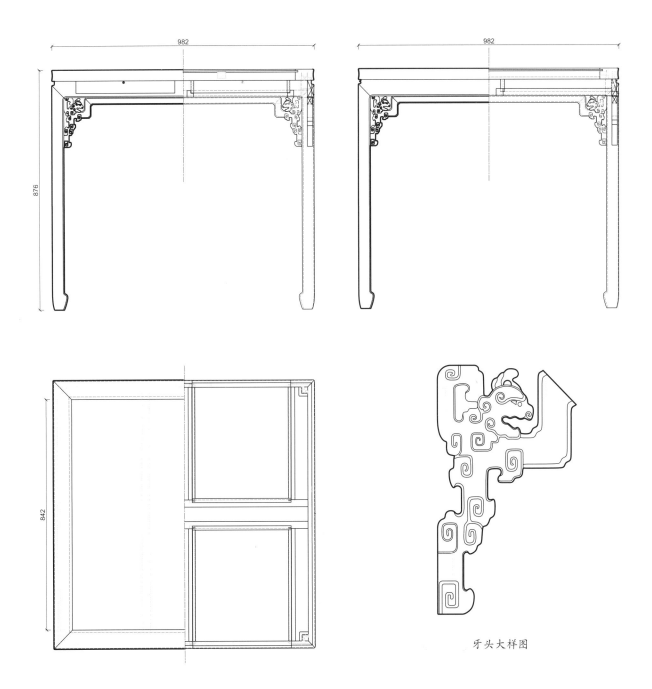

牙头大样图

三视结构（CAD 图 1）

3. 用材效果

用材效果（材质：紫檀；效果图2）

用材效果（材质：黄花梨；效果图3）

用材效果（材质：红酸枝；效果图4）

132

4. 结构爆炸

结构爆炸（效果图 5）

5. 部件示意

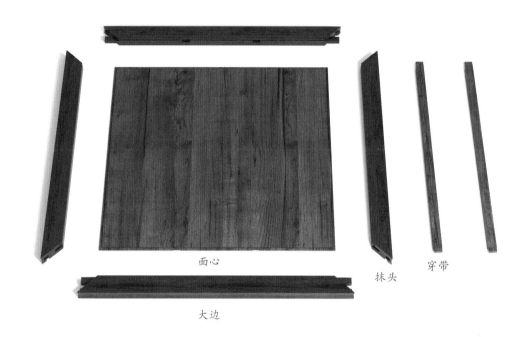

面心

抹头

穿带

大边

部件示意—桌面（效果图 6）

部件示意—腿子（效果图 7）

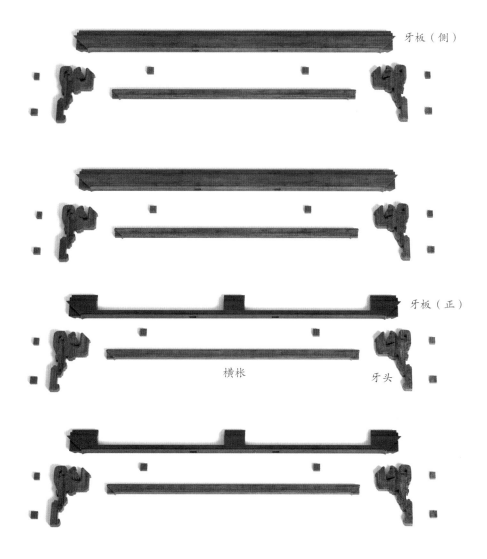

牙板（侧）

牙板（正）

横枨   牙头

部件示意—牙子（效果图 8）

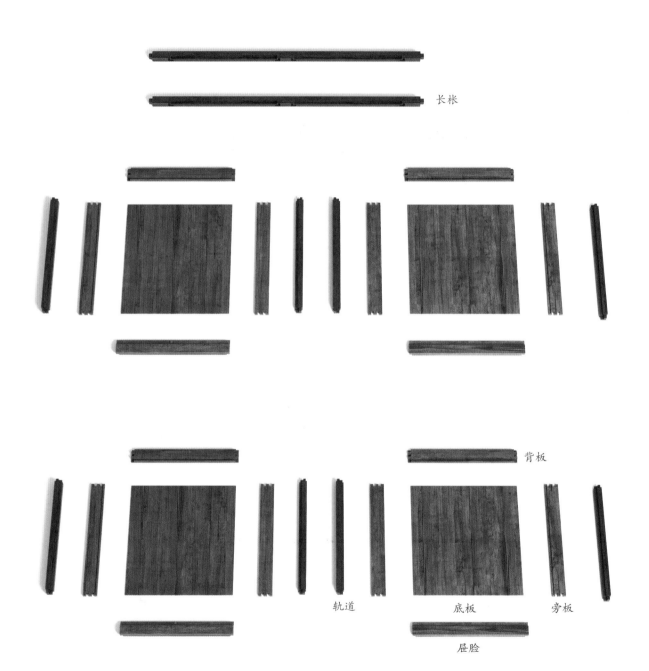

长栆

背板

轨道　　　　底板　　　旁板

屉脸

部件示意—抽屉（效果图 9）

6. 细部详解

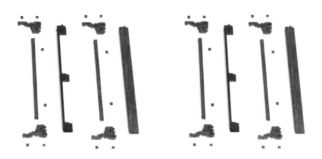

细部效果—牙子（效果图 10）

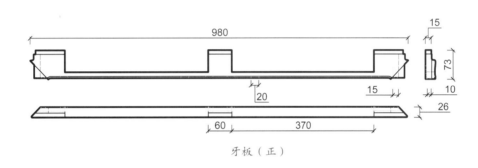

牙板（正）

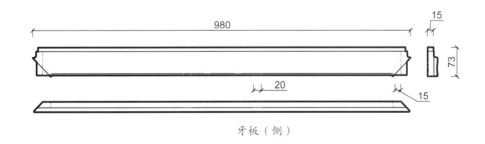

牙板（侧）

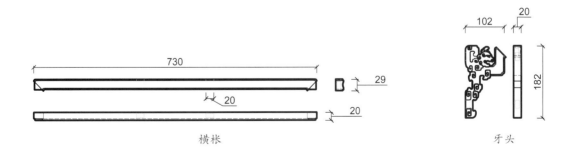

横枨   牙头

细部结构—牙子（CAD 图 2 ~ 图 5）

细部效果—桌面（效果图 11）

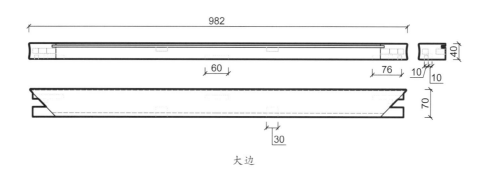

大边

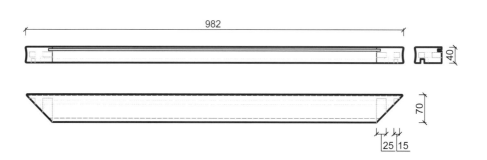

抹头

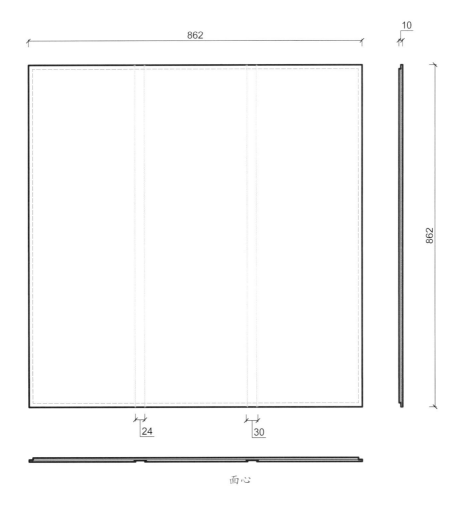

862

10

862

面心

24 30

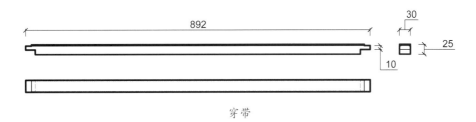

892

30

25

10

穿带

细部结构—桌面（CAD 图 6 ～图 9）

细部效果—抽屉（效果图 12）

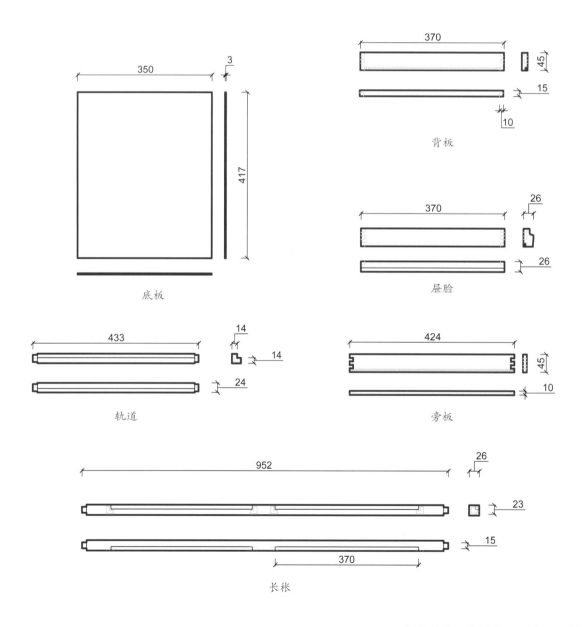

底板

背板

屉脸

轨道

旁板

长枨

细部结构—抽屉（CAD 图 10～图 15）

细部效果—腿子（效果图 13 ）

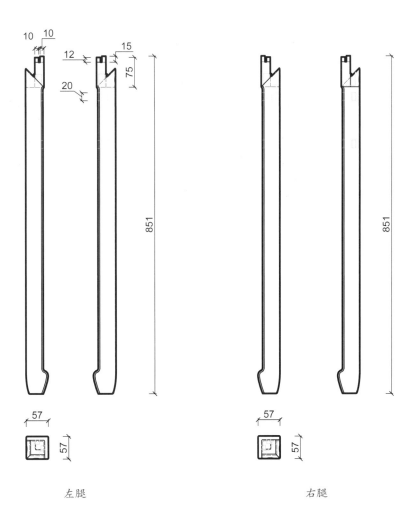

左腿   右腿

有束腰方桌

材质：紫檀

年款：明

整体外观（效果图1）

1. 器形点评

此桌桌面方正平直，冰盘沿线脚，下有束腰。四腿为方材，足端雕内翻马蹄足。四腿上端安有罗锅枨。此方桌雕饰不多，极为简洁，造型端秀，是一件明式风格的精品家具。

2. CAD 图示

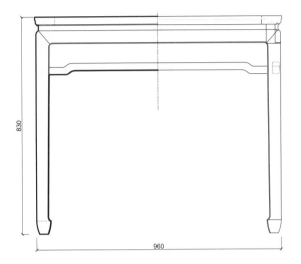

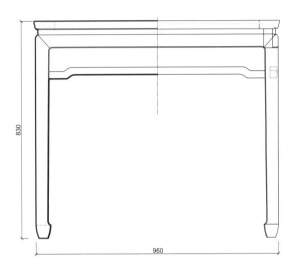

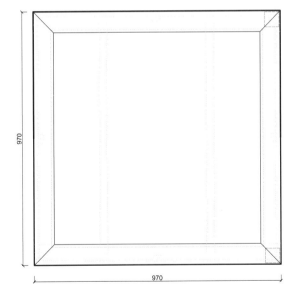

三视结构（CAD 图 1）

3. 用材效果

用材效果（材质：紫檀；效果图 2）

用材效果（材质：黄花梨；效果图 3）

用材效果（材质：红酸枝；效果图 4）

4. 结构爆炸

结构爆炸（效果图5）

5. 部件示意

面心

大边

抹头　　穿带

部件示意—桌面（效果图 6）

部件示意—罗锅枨（效果图 7）

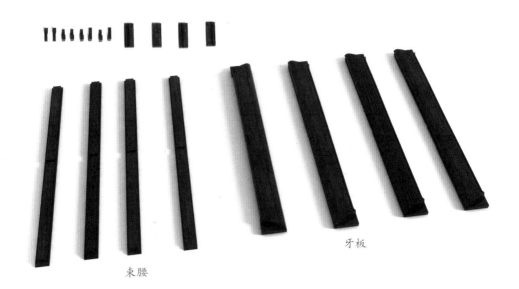

束腰

牙板

部件示意—束腰和牙板（效果图 8 ）

部件示意—腿子（效果图 9 ）

147

6. 细部详解

细部效果—桌面（效果图10）

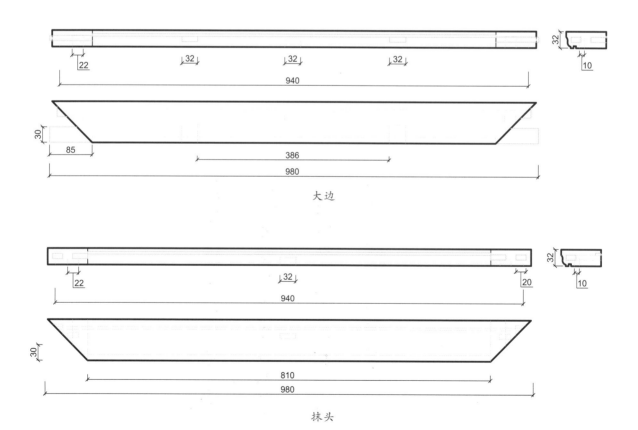

大边

抹头

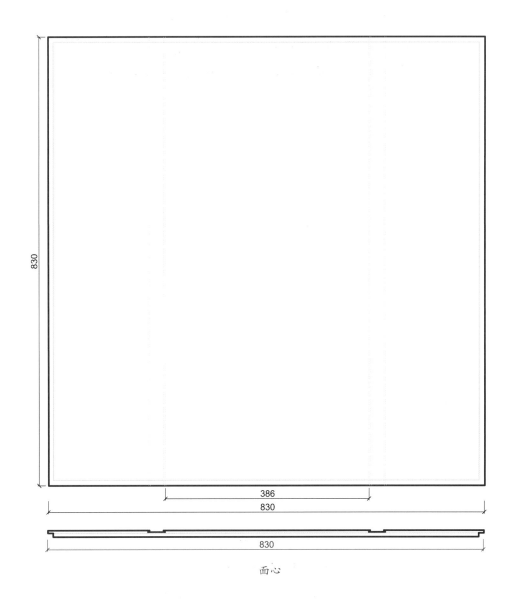

面心

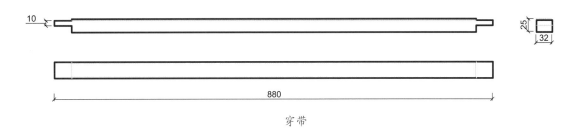

穿带

细部结构—桌面（CAD 图 2 ～图 5）

细部效果—束腰和牙板（效果图11）

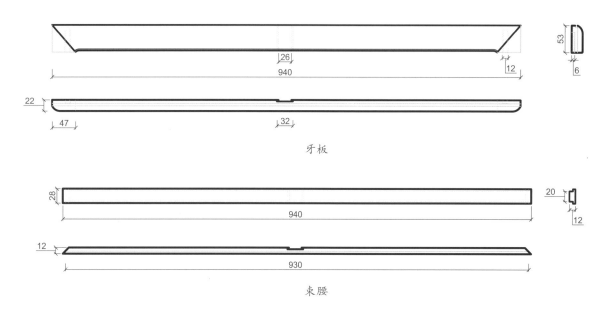

牙板

束腰

细部结构—束腰和牙板（CAD图6～图7）

细部效果—罗锅枨（效果图12）

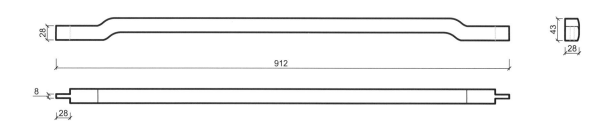

细部结构—罗锅枨（CAD图8）

细部效果—腿子（效果图 13 ）

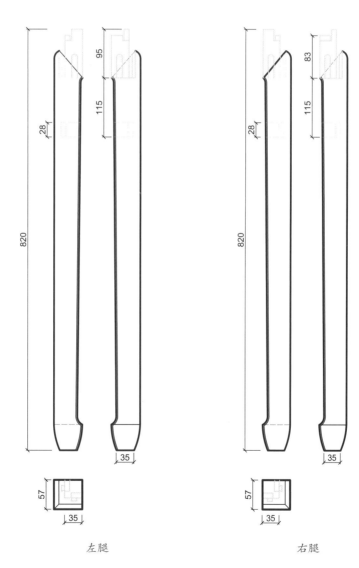

左腿　　　　　　　　　右腿

细部结构—腿子（CAD 图 9 ~ 图 10 ）

透雕螭纹有束腰方桌

材质：黄花梨

年款：清

整体外观（效果图1）

1. 器形点评

此桌桌面方正，边沿为冰盘沿线脚，下有束腰，束腰之下为透雕螭纹拐子牙子。四腿为方材，直落到地，至足端雕成内翻马蹄足。此桌造型工整，方正端直，以拐子螭纹做装饰，略施粉黛，美观大方。

152

2. CAD 图示

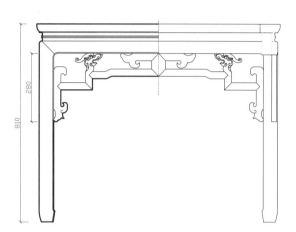

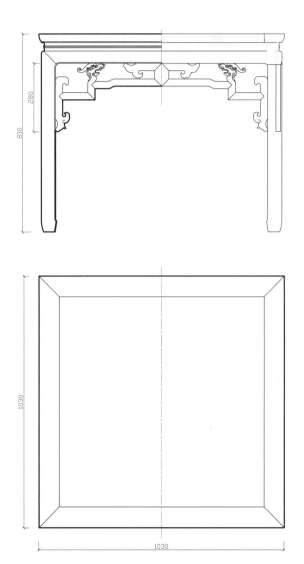

3. 用材效果

用材效果（材质：紫檀；效果图 2）

用材效果（材质：黄花梨；效果图 3）

用材效果（材质：红酸枝；效果图 4）

4. 结构爆炸

结构爆炸（效果图 5）

5. 部件示意

面心

大边

穿带

抹头

部件示意—桌面（效果图 6）

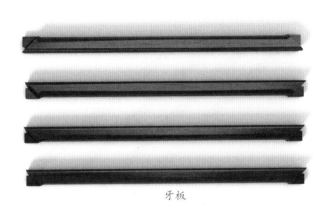

牙板

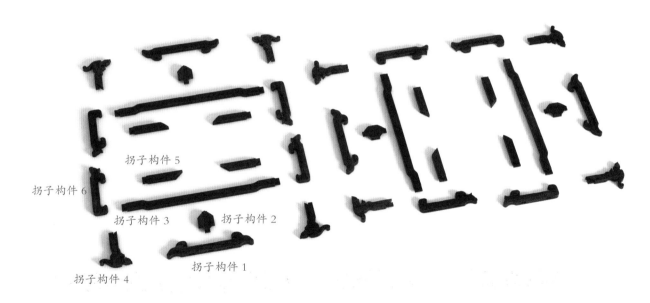

拐子构件 5

拐子构件 6

拐子构件 3　　拐子构件 2

拐子构件 4　　拐子构件 1

部件示意—牙子（效果图 7）

157

部件示意—束腰（效果图 8）

部件示意—腿子（效果图 9）

6. 细部详解

细部效果—束腰（效果图 10）

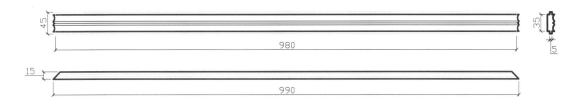

细部结构—束腰（CAD 图 2）

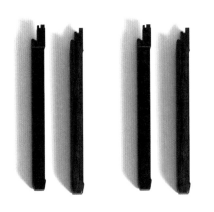

细部效果—腿子（效果图 11）

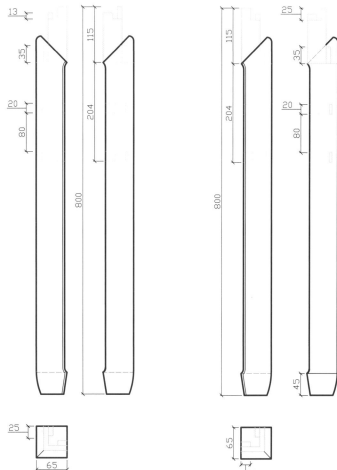

左腿   右腿

细部结构—腿子（CAD 图 3 ~ 图 4）

细部效果—桌面（效果图 12）

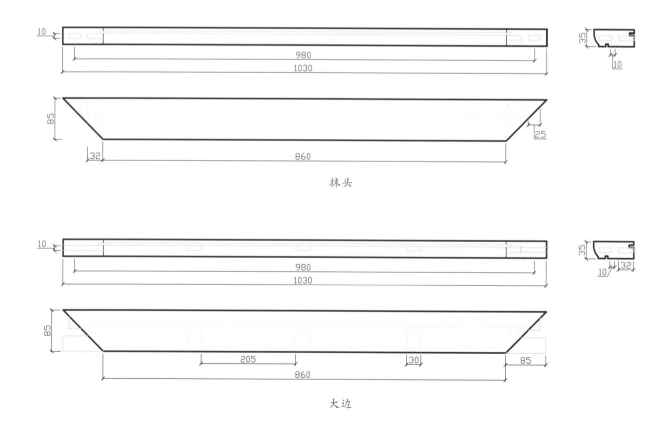

抹头

大边

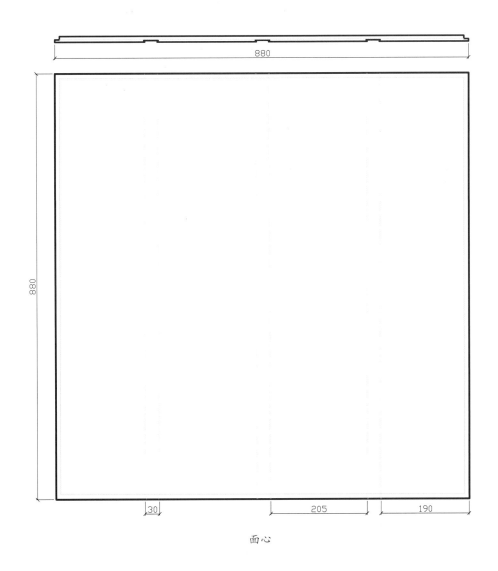

面心

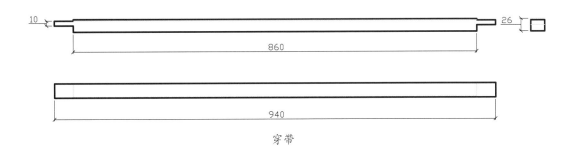

穿带

细部结构—桌面（CAD 图 5 ~ 图 8）

161

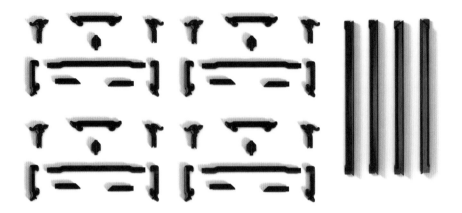

细部效果—牙子（效果图13）

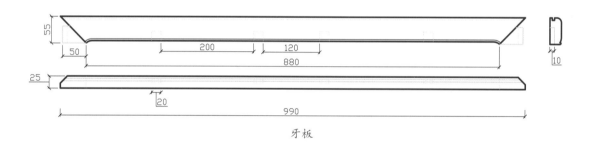

牙板

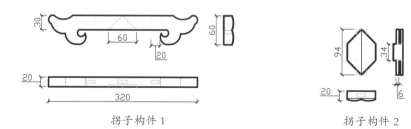

拐子构件 1

拐子构件 2

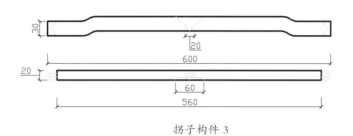

拐子构件 3

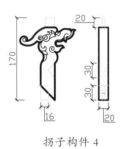

拐子构件 4

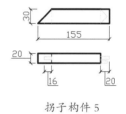

拐子构件 5

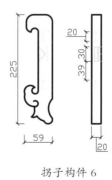

拐子构件 6

细部结构—牙子（CAD 图 9 ～ 图 15）

裹腿做方桌

材质：黄花梨

年款：明

整体外观（效果图1）

1. 器形点评

此桌桌面为正方形，四角做出软圆角，将桌腿包裹在里，边抹采用混面劈料做法。四腿为圆材，直落到地。腿子上方有裹腿横枨相连，枨与腿之间安有相抵的卷云纹角牙，枨与桌面之间装绦环板。此桌线条流畅圆润，装饰极简，略施粉黛。

2. CAD 图示

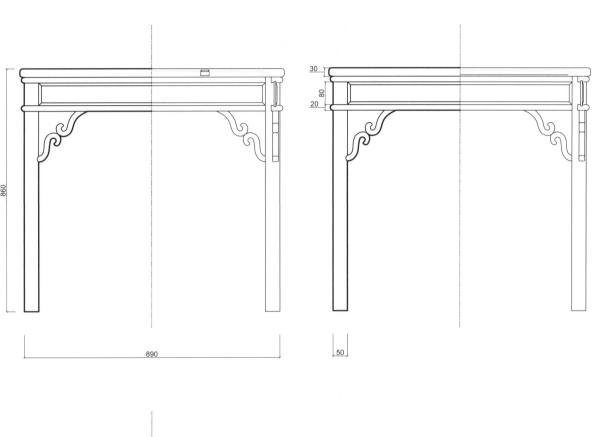

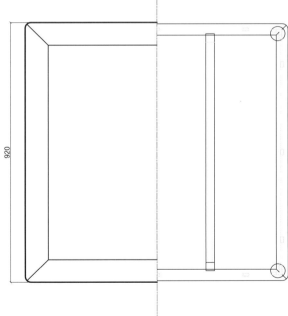

三视结构（CAD 图 1）

3. 用材效果

用材效果（材质：紫檀；效果图2）

用材效果（材质：黄花梨；效果图3）

用材效果（材质：红酸枝；效果图4）

4. 结构爆炸

结构爆炸（效果图 5）

5. 部件示意

大边

面心

抹头

穿带

部件示意—桌面（效果图 6）

垛边木条

绦环板

部件示意—垛边木条和绦环板（效果图7）

部件示意—裹腿横枨（效果图 8）

部件示意—托角牙子（效果图 9）

部件示意—腿子（效果图 10）

170

6. 细部详解

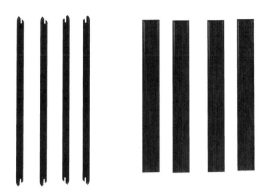

细部效果—垛边木条和绦环板（效果图11）

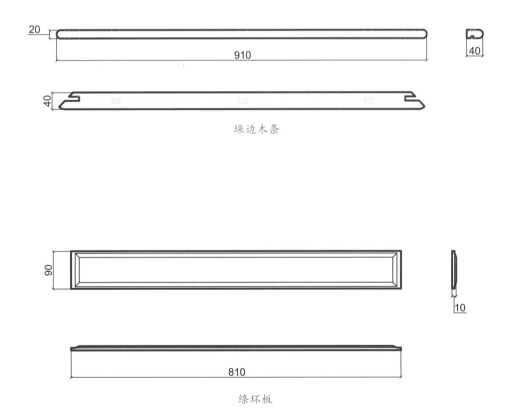

垛边木条

绦环板

细部结构—垛边木条和绦环板（CAD图2～图3）

细部效果—桌面（效果图 12）

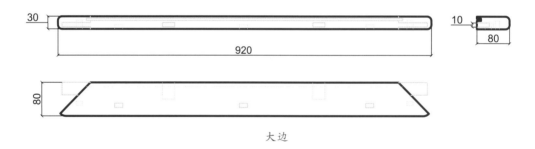

大边

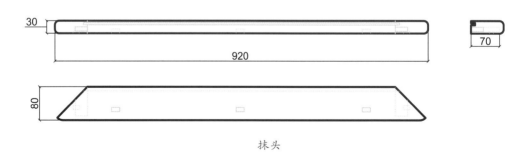

抹头

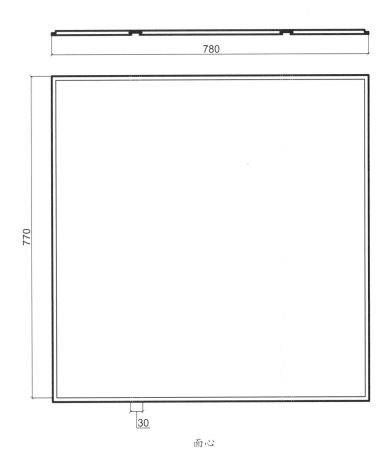

面心

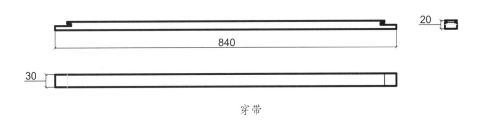

穿带

细部结构—桌面（CAD 图 4 ~ 图 7）

细部效果—裹腿横枨（效果图13）

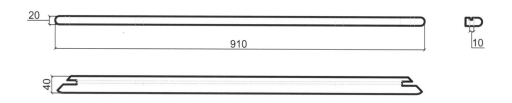

细部结构—裹腿横枨（CAD图8）

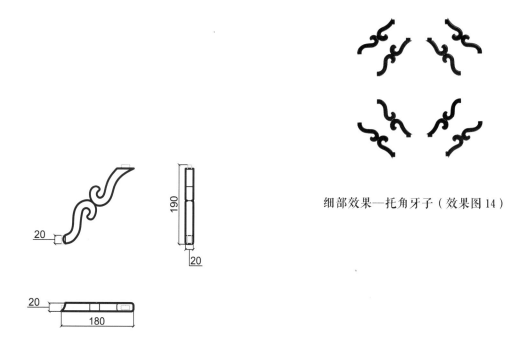

细部效果—托角牙子（效果图14）

细部结构—托角牙子（CAD图9）

细部效果—腿子（效果图 15）

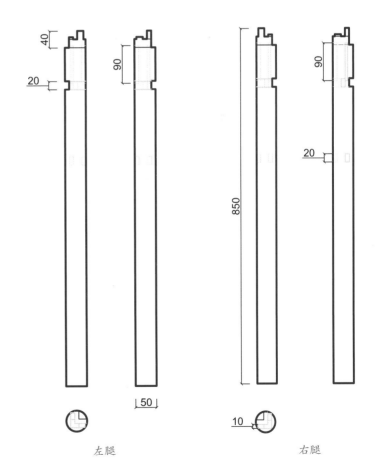

左腿　　　　　　　　　　　右腿

霸王枨素牙板方桌

材质：黄花梨

年款：明

整体外观（效果图1）

1. 器形点评

    此桌桌面为正方形，光素平整，攒框镶板。桌面之下装有素牙板。四腿为圆材，直落到地，至足端略微外展，形成挓角。整张桌子造型简练，没有过多装饰，四腿在足端形成侧脚，收分有致，是典型的明式风格的造法。

2. CAD 图示

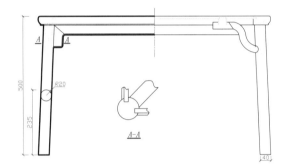

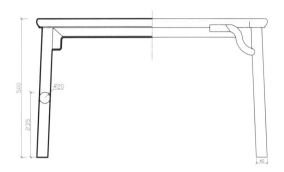

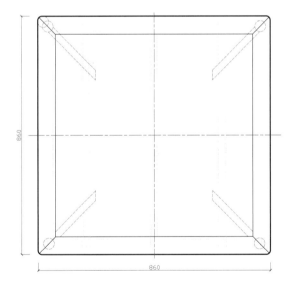

3. 用材效果

用材效果（材质：紫檀；效果图 2 ）

用材效果（材质：黄花梨；效果图 3 ）

用材效果（材质：红酸枝；效果图 4 ）

4. 结构爆炸

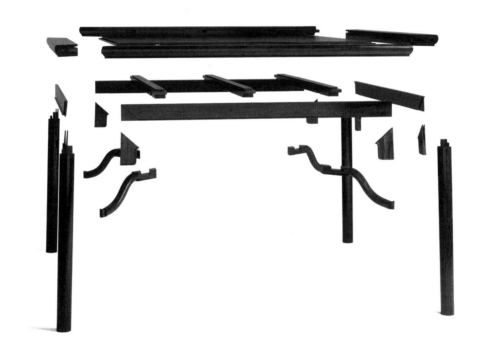

结构爆炸（效果图 5）

5. 部件示意

抹头

大边

面心

穿带（侧）

穿带（中）

部件示意—桌面（效果图 6）

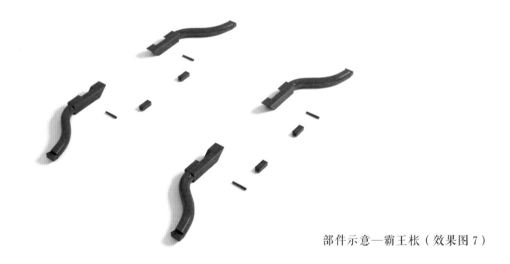

部件示意—霸王枨（效果图 7）

牙头

牙板

部件示意—牙子（效果图 8）

部件示意—腿子（效果图 9）

6. 细部详解

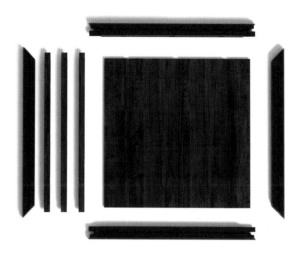

细部效果—桌面（效果图 10）

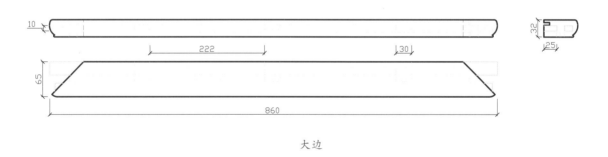

大边

抹头

面心

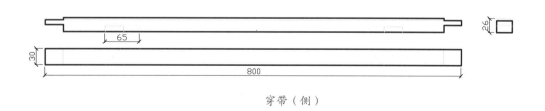

穿带（侧）

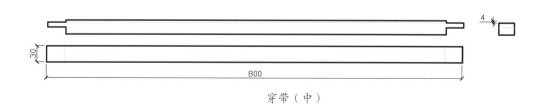

穿带（中）

细部结构—桌面（CAD 图 2 ～ 图 6）

细部效果—霸王枨（效果图11）

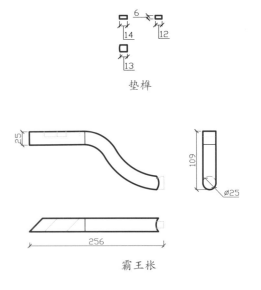

垫榫

霸王枨

细部结构—霸王枨（CAD图7～图8）

细部效果—牙子（效果图12）

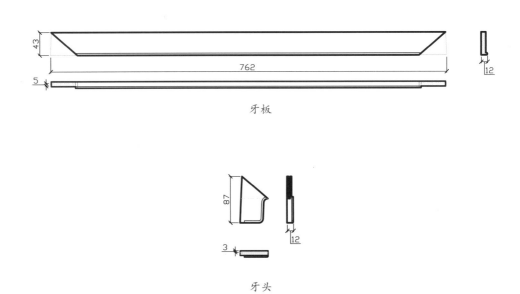

牙板

牙头

细部结构—牙子（CAD图9～图10）

细部效果—腿子（效果图13）

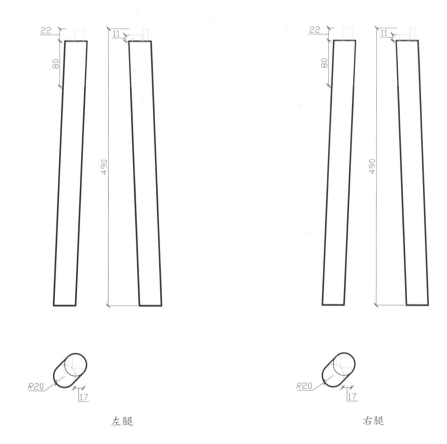

左腿　　　　　　　　　　　　右腿

细部结构—腿子（CAD图11～图12）

夔龙拱寿纹喷面方桌

材质：紫檀

丰款：清

整体外观（效果图1）

1. 器形点评

此方桌桌面攒框镶板，边沿为冰盘沿线脚，下有束腰。束腰之下为牙板，牙板下又接透雕夔龙拱寿纹牙条。四腿为方材，足端雕内翻马蹄足。此方桌雕镂精美，方正规整。

2. CAD 图示

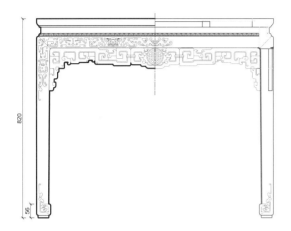

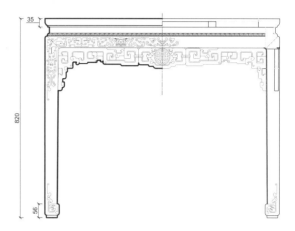

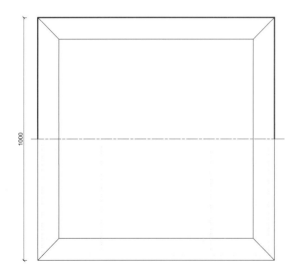

三视结构（CAD 图 1）

3. 用材效果

用材效果（材质：紫檀；效果图 2）

用材效果（材质：黄花梨；效果图 3）

用材效果（材质：红酸枝；效果图 4）

4. 结构爆炸

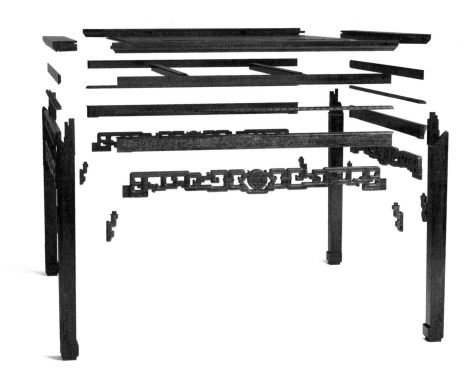

结构爆炸（效果图 5）

5. 部件示意

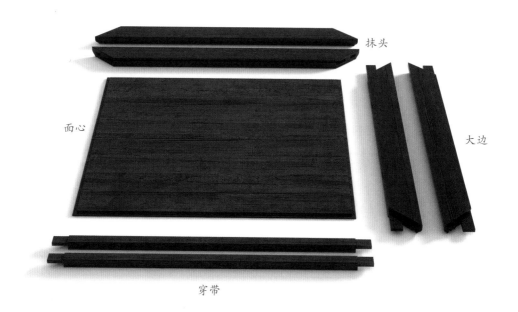

抹头

面心

大边

穿带

部件示意—桌面（效果图 6）

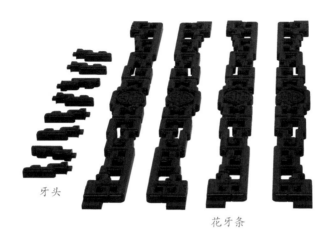

牙头

花牙条

牙板

部件示意—牙子（效果图 7）

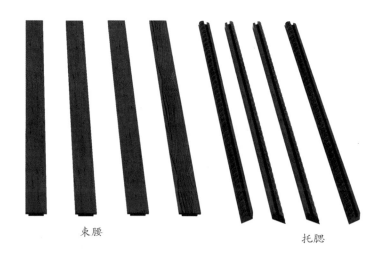

束腰 托腮

部件示意—束腰和托腮（效果图 8）

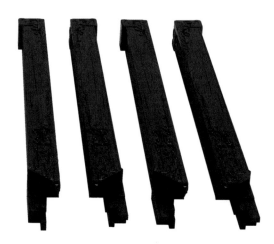

部件示意—腿子（效果图 9）

6. 细部详解

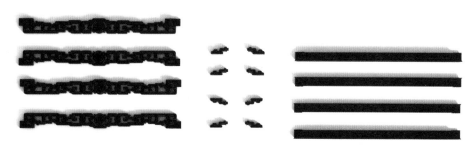

细部效果—牙子（效果图10）

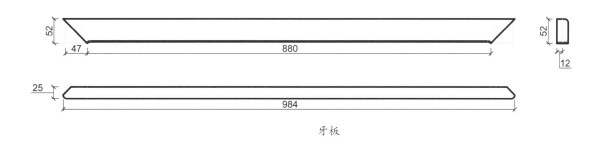

牙板

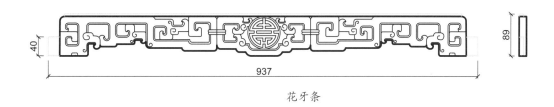

花牙条

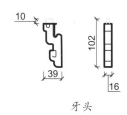

牙头

细部结构—牙子（CAD图2～图4）

注：视图中部分纹饰略去。

细部效果—桌面（效果图11）

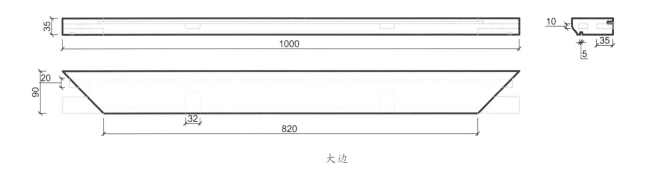

大边

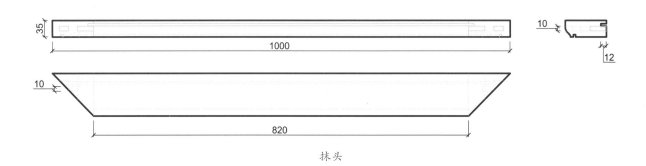

抹头

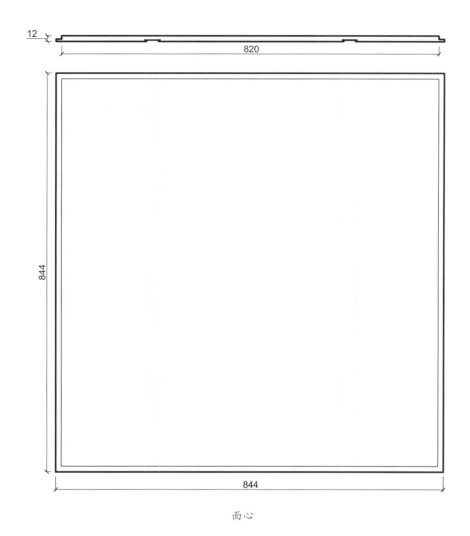

12
820
844
844

面心

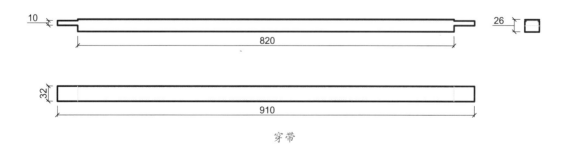

10
820
26

32
910

穿带

细部结构—桌面（CAD 图 5 ~ 图 8）

细部效果—束腰和托腮（效果图 12）

托腮

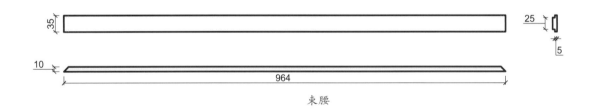

束腰

细部结构—束腰和托腮（CAD 图 9 ~ 图 10）

细部效果—腿子（效果图 13）

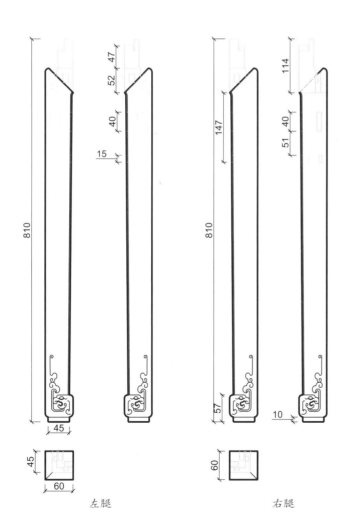

左腿　　　　　　　右腿

细部结构—腿子（CAD 图 11 ~ 图 12）

卷草纹展腿方桌

材质：黄花梨

年款：明

整体外观（效果图1）

1. 器形点评

　　此桌桌面正方形，冰盘沿线脚，下有束腰，壶门牙板。四腿上部为展腿形式，下部为圆材直腿，直落到地，前后两腿之间装有双横枨。此桌为展腿形式，其造型上半部犹如炕桌，下半部为延伸出来的四条腿足，承托着上部的炕桌。展腿桌是明式家具中较有特色的一种家具。

2. CAD 图示

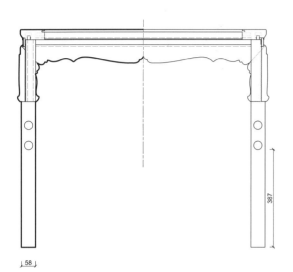

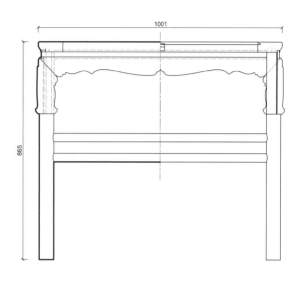

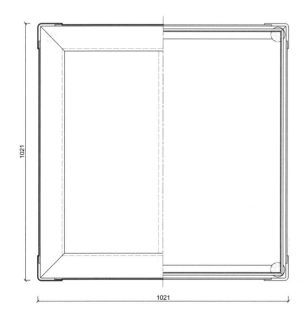

三视结构（CAD 图 1）

3. 用材效果

用材效果（材质：紫檀；效果图 2）

用材效果（材质：黄花梨；效果图 3）

用材效果（材质：红酸枝；效果图 4）

4. 结构爆炸

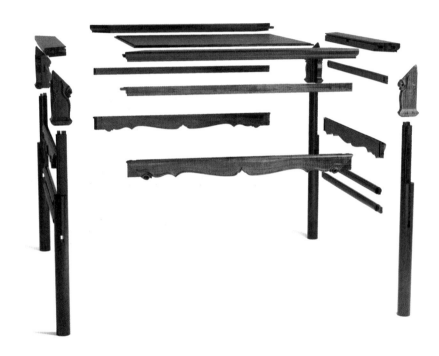

结构爆炸（效果图 5）

5. 部件示意

抹头

大边

穿带

面心

部件示意—桌面（效果图 6）

部件示意—牙板（效果图 7）

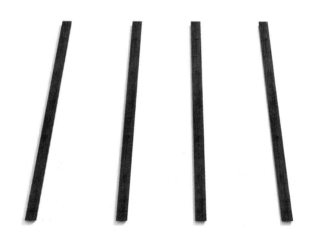

部件示意—束腰（效果图 8）

部件示意—横枨（效果图 9）

部件示意—短腿（效果图 10）

部件示意—长腿（效果图 11）

6. 细部详解

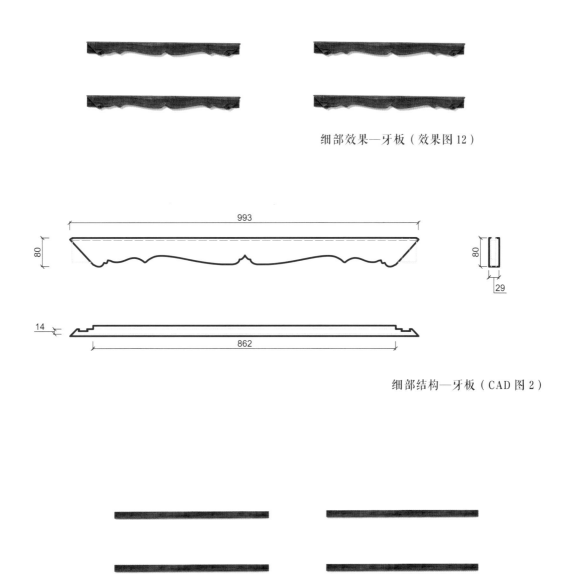

细部效果—牙板（效果图 12）

细部结构—牙板（CAD 图 2）

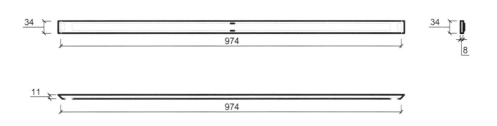

细部效果—束腰（效果图 13）

细部结构—束腰（CAD 图 3）

细部效果—桌面（效果图 14）

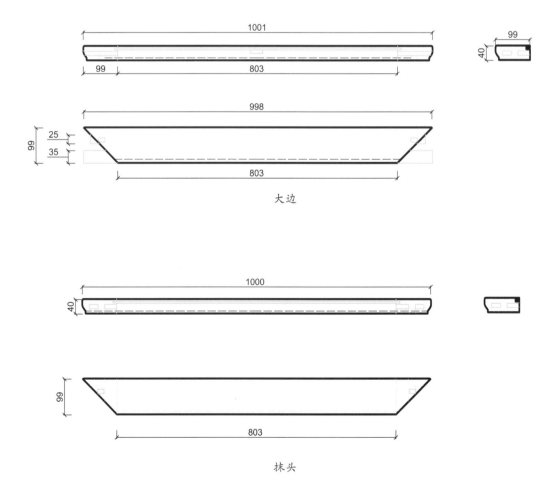

大边

抹头

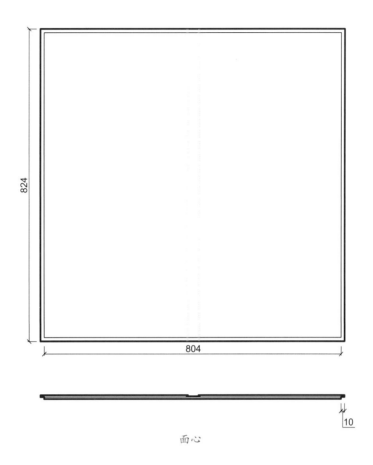

面心

穿带

细部结构—桌面（CAD 图 4 ~ 图 7）

细部效果—横枨（效果图 15）

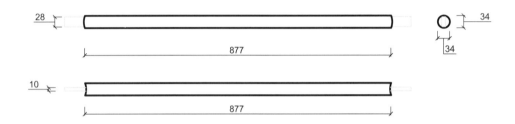

细部结构—横枨（CAD 图 8）

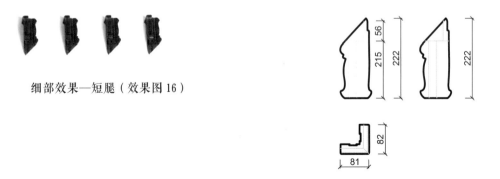

细部效果—短腿（效果图 16）

细部结构—短腿（CAD 图 9）

细部效果—长腿（效果图 17）

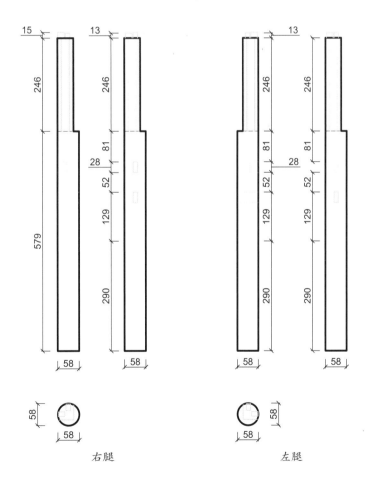

右腿　　　　　　　　　　左腿

细部结构—长腿（CAD 图 10 ~ 图 11）

拐子纹罗锅枨方桌

材质：黄花梨

丰款：清

整体外观（效果图1）

1.器形点评

此桌桌面为正方形，冰盘沿线脚，下有束腰。桌面之下牙板上浮雕拐子纹。四腿为方材，直落到地，至足端形成内翻马蹄足。四腿上端紧贴牙板处装有罗锅枨，罗锅枨两端透雕卷勾纹。此桌造型方正，简洁大方。

2. CAD 图示

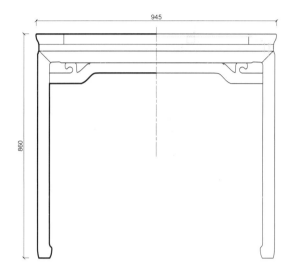

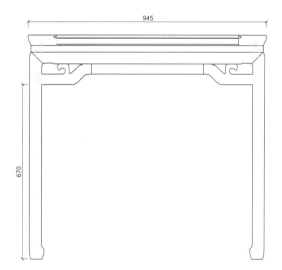

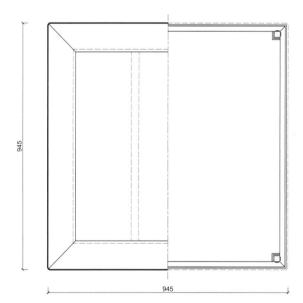

三视结构（CAD 图 1）

———————————
注：视图中部分纹饰略去。

3. 用材效果

用材效果（材质：紫檀；效果图 2）

用材效果（材质：黄花梨；效果图 3）

用材效果（材质：红酸枝；效果图 4）

4. 结构爆炸

结构爆炸（效果图 5）

213

5. 部件示意

抹头

大边

面心

穿带

部件示意—桌面（效果图 6）

部件示意—腿子（效果图 7）

部件示意—罗锅枨（效果图 8）

部件示意—束腰（效果图 9）

部件示意—牙板（效果图 10）

6. 细部详解

细部效果—桌面（效果图 11）

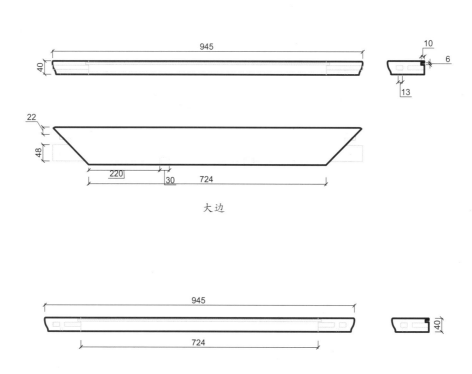

大边

抹头

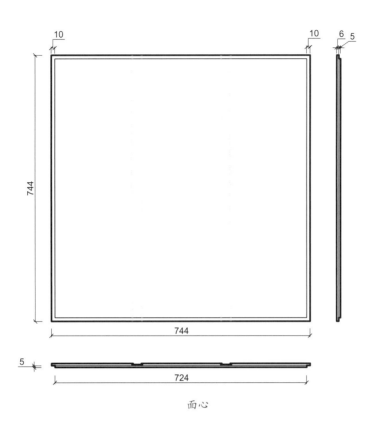

面心

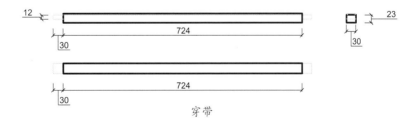

穿带

细部结构—桌面（CAD 图 2 ~ 图 5）

细部效果—束腰（效果图 12）

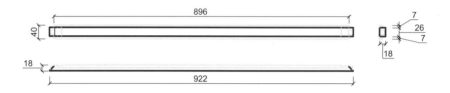

细部结构—束腰（CAD 图 6）

细部效果—牙板（效果图 13）

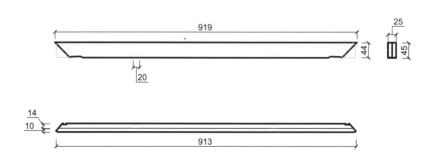

细部结构—牙板（CAD 图 7）

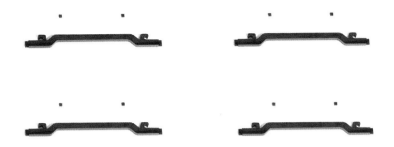

细部效果—罗锅枨（效果图 14）

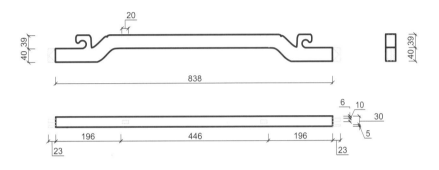

细部结构—罗锅枨（CAD 图 8）

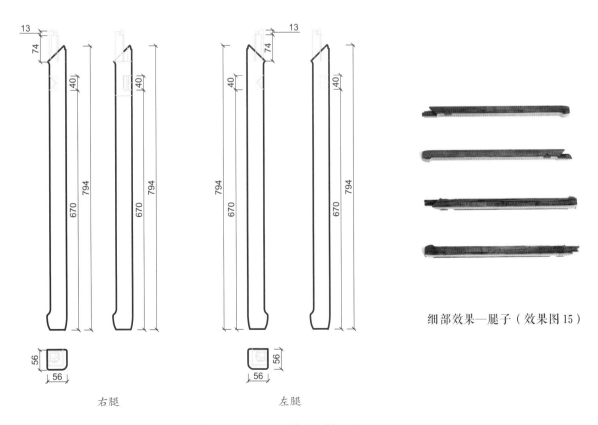

右腿 　　　　　　左腿

细部结构—腿子（CAD 图 9 ～ 图 10）

细部效果—腿子（效果图 15）

罗锅枨回纹马蹄足方桌

材质：黄花梨

年款：清

整体外观（效果图1）

1. 器形点评

　　此桌桌面方正平直，边抹冰盘沿线脚，下有束腰。四腿为方材，边缘起皮条线，直落到地，内翻回纹马蹄足。四腿上端安罗锅枨。此桌造型简洁，线条流畅，有疏朗俊秀之感。

2. CAD 图示

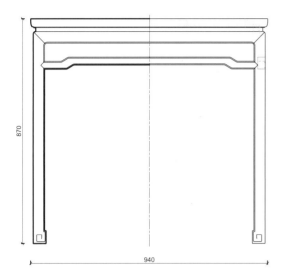

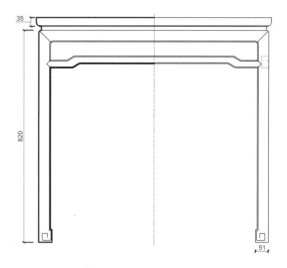

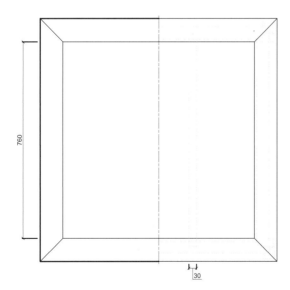

三视结构（CAD 图 1）

221

3. 用材效果

用材效果（材质：紫檀；效果图 2）

用材效果（材质：黄花梨；效果图 3）

用材效果（材质：红酸枝；效果图 4）

4. 结构爆炸

结构爆炸（效果图 5）

5. 部件示意

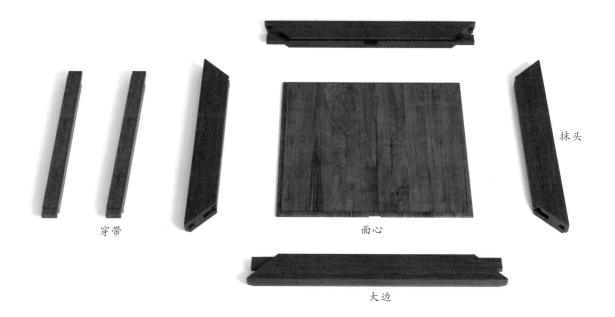

穿带

面心

抹头

大边

部件示意—桌面（效果图 6）

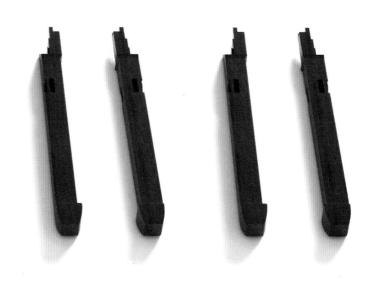

部件示意—腿子（效果图 7）

224

部件示意—束腰（效果图 8）

部件示意—牙板（效果图 9）

部件示意—罗锅枨（效果图 10）

225

6. 细部详解

细部效果—桌面（效果图11）

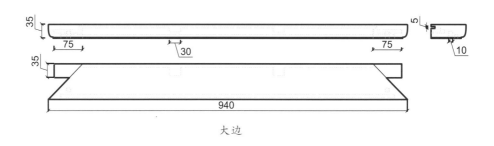

大边

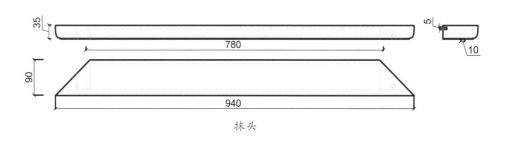

抹头

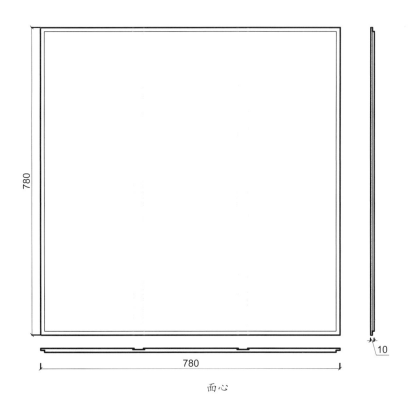

面心

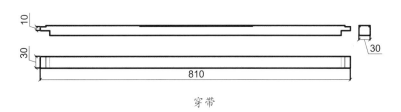

穿带

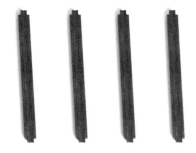

细部效果—束腰（效果图 12）

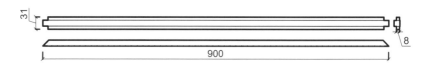

细部结构—束腰（CAD 图 6）

细部效果—牙板（效果图 13）

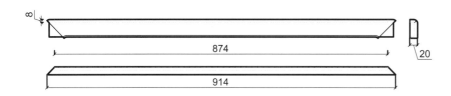

细部结构—牙板（CAD 图 7）

细部效果—罗锅枨（效果图 14 ）

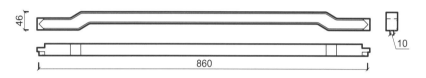

细部结构—罗锅枨（CAD 图 8 ）

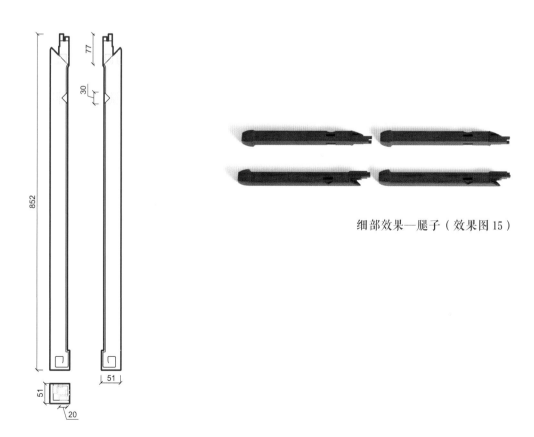

细部效果—腿子（效果图 15 ）

细部结构—腿子（CAD 图 9 ）

瓜棱腿方桌

材质：黄花梨

年款：明

整体外观（效果图1）

1. 器形点评

此桌桌面方正平直，冰盘沿线脚。四腿为圆材劈料做法，形成类似瓜棱腿，直落到地。四腿上端安横竖材攒成的透空牙条，牙头为长方圈口式样，横枨上装矮老，形成四个鱼门洞透光。此桌装饰无多，唯以简洁明快的线条取胜。

2. CAD 图示

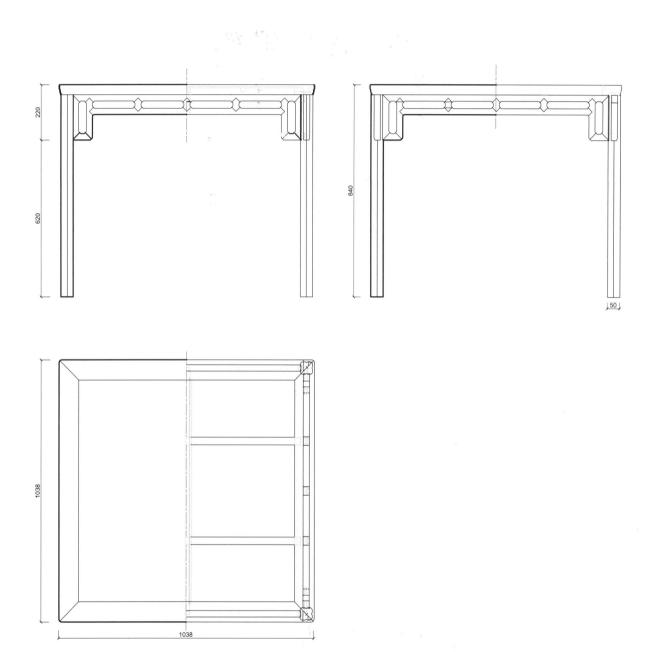

三视结构（CAD 图 1）

3. 用材效果

用材效果（材质：紫檀；效果图 2）

用材效果（材质：黄花梨；效果图 3）

用材效果（材质：红酸枝；效果图 4）

4. 结构爆炸

结构爆炸（效果图 5）

5. 部件示意

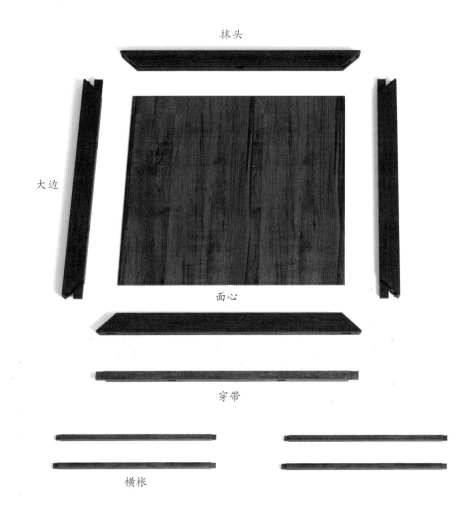

抹头

大边

面心

穿带

横枨

部件示意—桌面（效果图 6）

部件示意—腿子（效果图 7）

234

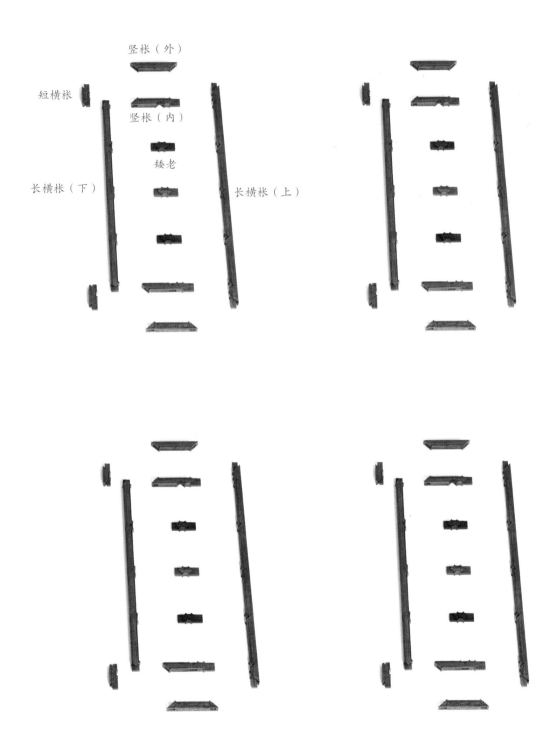

竖枨（外）

短横枨

竖枨（内）

矮老

长横枨（下）

长横枨（上）

部件示意—牙条结构（效果图 8）

6. 细部详解

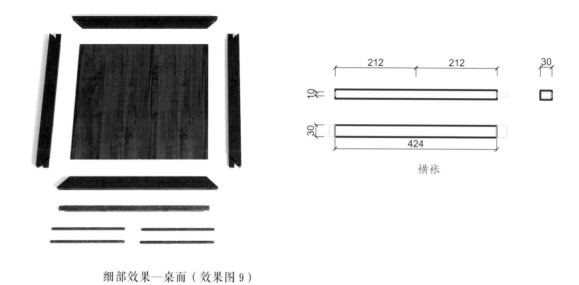

横枨

细部效果—桌面（效果图 9）

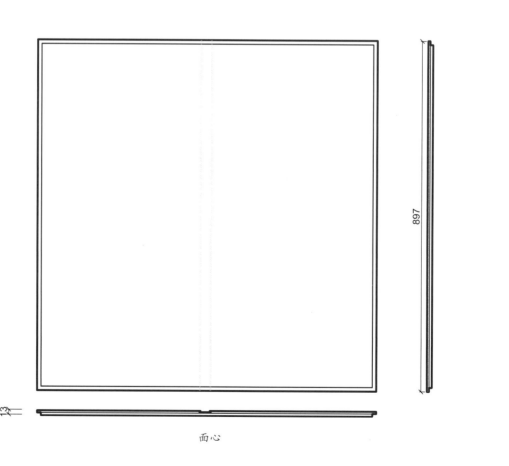

面心

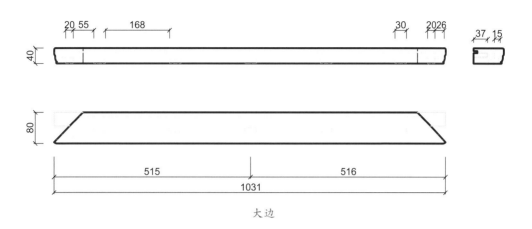

大边

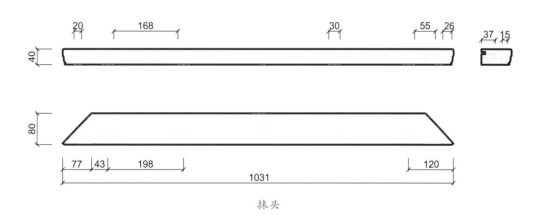

抹头

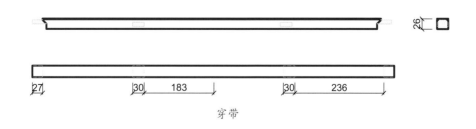

穿带

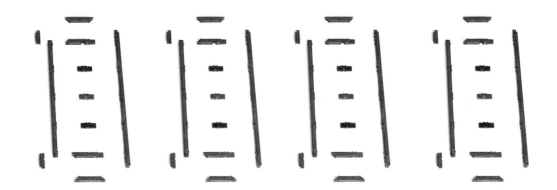

细部效果—牙条结构（效果图 10）

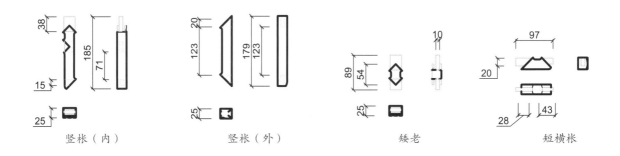

竖枨（内）   竖枨（外）   矮老   短横枨

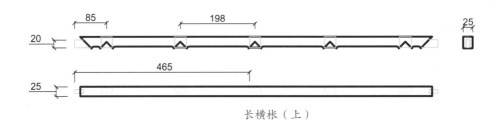

长横枨（上）

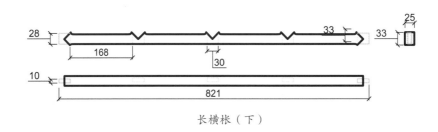

长横枨（下）

细部结构—牙条结构（CAD 图 7～图 12）

238

细部效果—腿子（效果图 11）

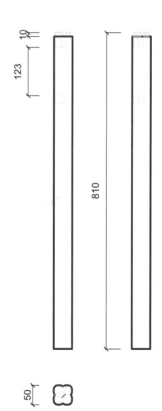

细部结构—腿子（CAD 图 13）

卷云纹半圆桌

材质：紫檀

年款：清

整体外观（效果图1）

1. 器形点评

此桌桌面为半圆形，攒框镶板，下有束腰，接洼堂肚牙子。四腿为三弯腿，腿与牙子相交处安透雕拐子云纹角牙，四腿上端内收处雕拐子云纹，足端雕出向上翻卷的如意云纹足，足下踩托泥。此桌设计巧妙，桌面做出半圆形，有时亦称"月牙桌"，一般靠墙摆放，饶有意趣。

2. CAD 图示

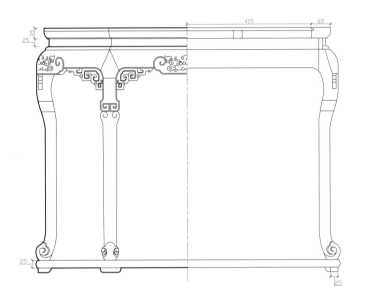

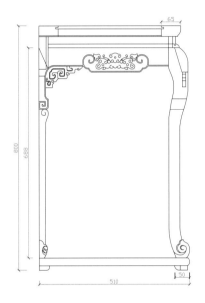

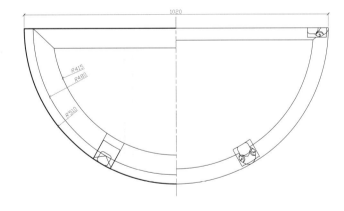

牙板纹饰大样图

三视结构（CAD 图 1）

241

3. 用材效果

用材效果（材质：紫檀；效果图 2 ）

用材效果（材质：黄花梨；效果图 3 ）

用材效果（材质：红酸枝；效果图 4 ）

4. 结构爆炸

结构爆炸（效果图 5）

5. 部件示意

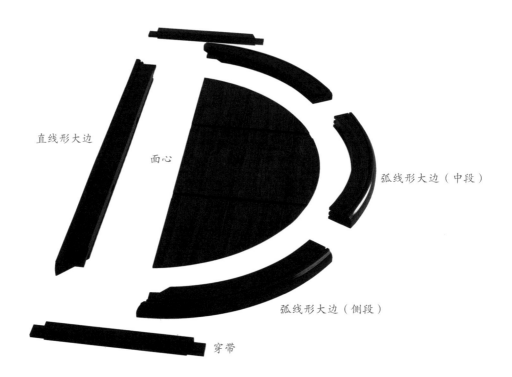

直线形大边

面心

弧线形大边（中段）

弧线形大边（侧段）

穿带

部件示意—桌面（效果图 6）

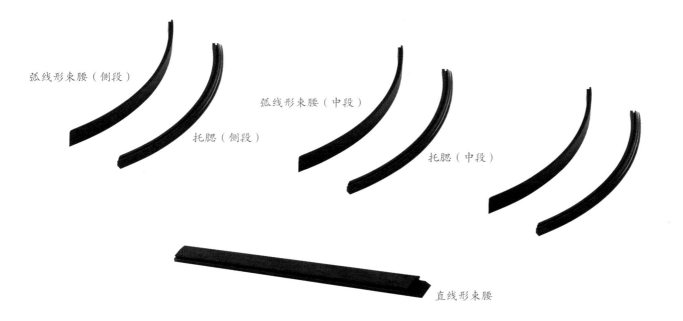

弧线形束腰（侧段）

弧线形束腰（中段）

托腮（侧段）

托腮（中段）

直线形束腰

部件示意—束腰和托腮（效果图 7）

245

弧线形牙板

角牙

直线形牙板

部件示意—牙子（效果图 8）

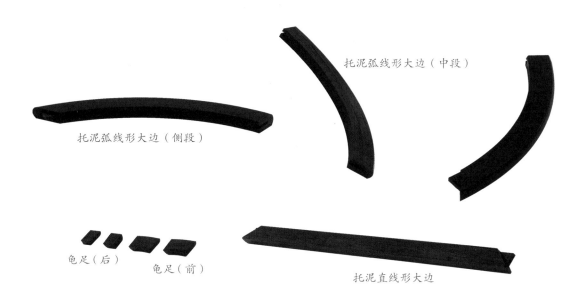

托泥弧线形大边（中段）

托泥弧线形大边（侧段）

龟足（后）   龟足（前）

托泥直线形大边

部件示意—托泥和龟足（效果图 9 ）

后腿

前腿

部件示意—腿子（效果图 10 ）

247

6. 细部详解

细部效果—桌面（效果图 11）

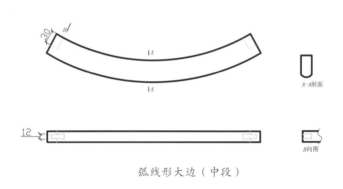

弧线形大边（中段）

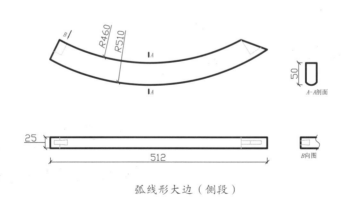

弧线形大边（侧段）

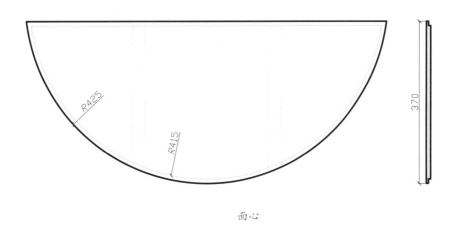

面心

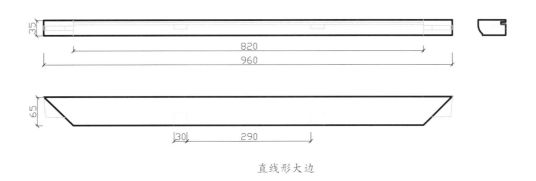

直线形大边

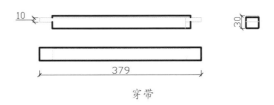

穿带

细部结构—桌面（CAD 图 2 ～图 6）

细部效果—束腰和托腮（效果图 12）

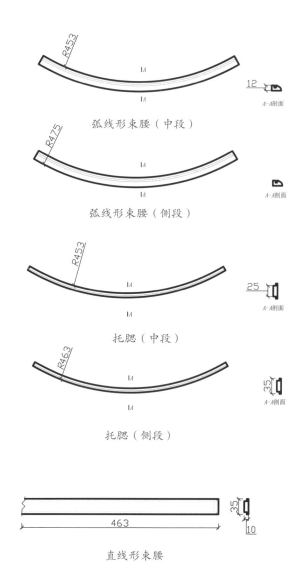

弧线形束腰（中段）

弧线形束腰（侧段）

托腮（中段）

托腮（侧段）

直线形束腰

细部结构—束腰和托腮（CAD 图 7 ~ 图 11）

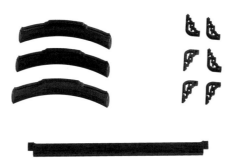

细部效果—牙子（效果图 13）

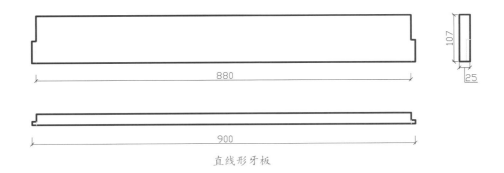

直线形牙板

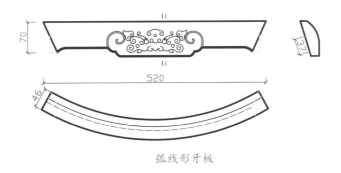

弧线形牙板

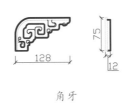

角牙

细部结构—牙子（CAD 图 12 ~ 图 14）

细部效果—托泥和龟足（效果图 14）

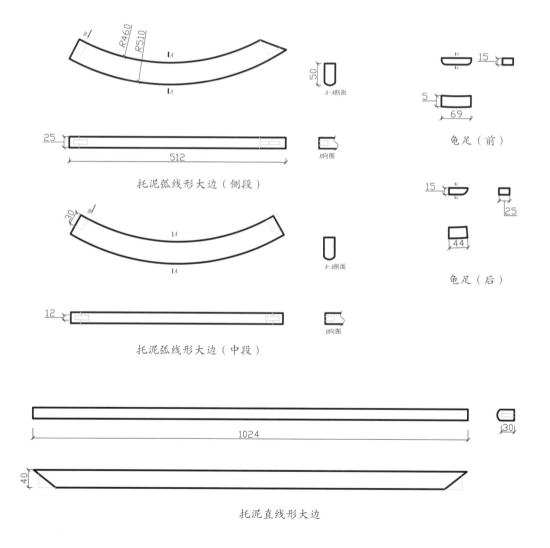

托泥弧线形大边（侧段）

托泥弧线形大边（中段）

龟足（前）

龟足（后）

托泥直线形大边

细部效果—腿子（效果图15）

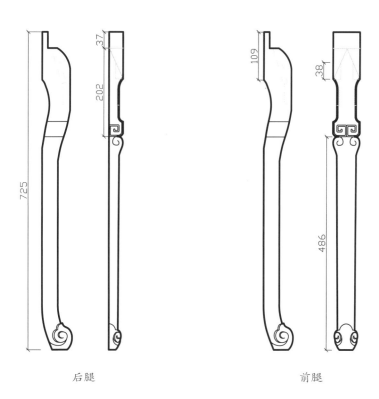

后腿　　　　　　　　　　前腿

细部结构—腿子（CAD 图 20 ~ 图 21）

冰裂纹踏脚屉板半圆桌

材质：红酸枝

年款：清

整体外观（效果图1）

1. 器形点评

此桌桌面为半圆形，攒框镶板，桌面之下有束腰，牙板下又接洼堂肚牙条，其上浮雕拐子纹。四腿为方材，直落到地，足端雕成垂云足。四腿边沿起皮条线。此桌四腿在接近足端处装有底枨，形成框围，框围中再攒出透空的冰裂纹，形成踏脚的屉板。此桌设计巧妙，装饰别致，美观耐看。

2. CAD 图示

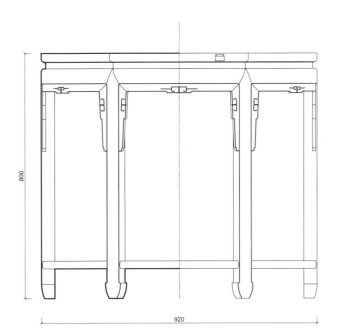

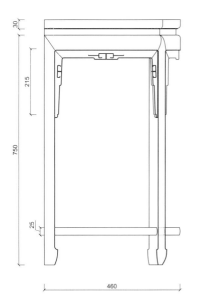

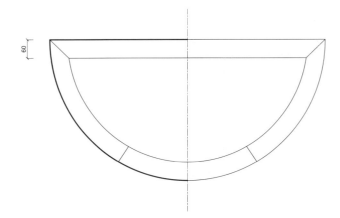

三视结构（CAD 图 1）

3. 用材效果

用材效果（材质：紫檀；效果图2）

用材效果（材质：黄花梨；效果图3）

用材效果（材质：红酸枝；效果图4）

4. 结构爆炸

结构爆炸（效果图 5）

5. 部件示意

直线形大边

穿带

弧线形大边（侧段）

面心

弧线形大边（中段）

部件示意—桌面（效果图 6）

直线形管脚枨

弧线形管脚枨（中段）

弧线形管脚枨（侧段）

棋格短材

部件示意—踏脚屉板和管脚枨（效果图 7）

259

弧线形牙板

直线形牙板

弧线形牙条

牙头

部件示意—牙子（效果图 8）

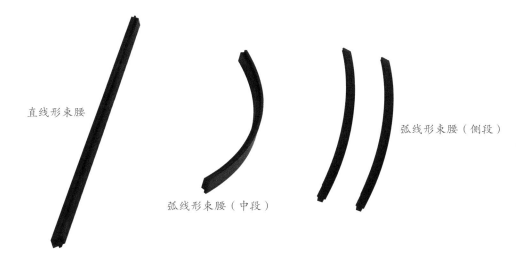

直线形束腰

弧线形束腰（中段）

弧线形束腰（侧段）

部件示意—束腰（效果图 9）

前腿　　　后腿

部件示意—腿子（效果图 10）

6. 细部详解

细部效果—桌面（效果图 11）

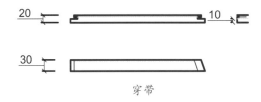

穿带

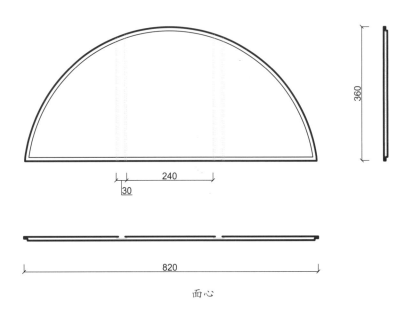

面心

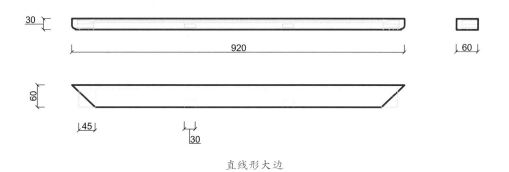

直线形大边

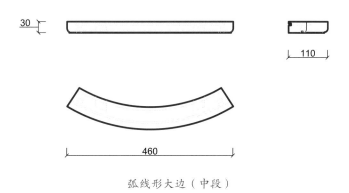

弧线形大边（中段）

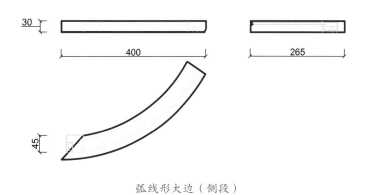

弧线形大边（侧段）

细部结构—桌面（CAD 图 2 ~ 图 6）

细部效果—踏脚屉板和管脚枨（效果图12）

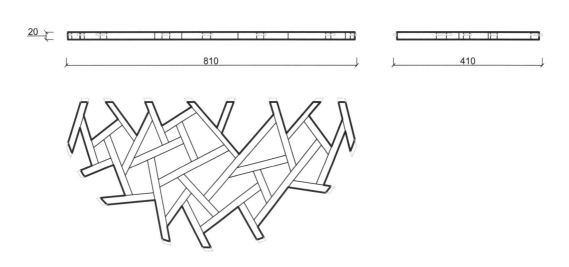

榥格

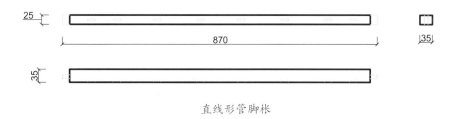

25

870

35

35

直线形管脚枨

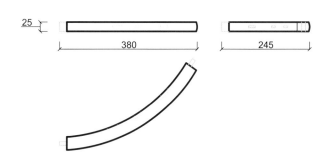

25

380

245

弧线形管脚枨（侧段）

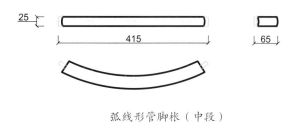

25

415

65

弧线形管脚枨（中段）

细部结构—踏脚厔板和管脚枨（CAD 图 7 ～ 图 10）

265

细部效果—束腰（效果图 13）

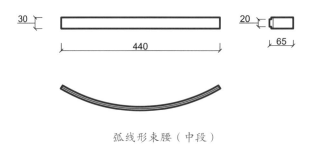

弧线形束腰（中段）

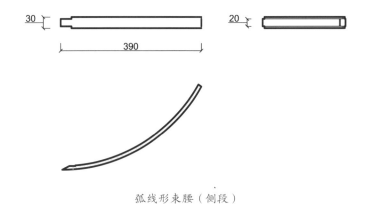

弧线形束腰（侧段）

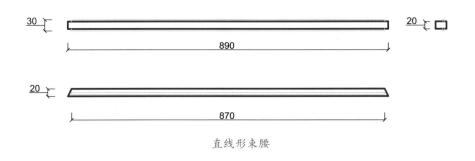

直线形束腰

细部结构—束腰（CAD 图 11 ～ 图 13）

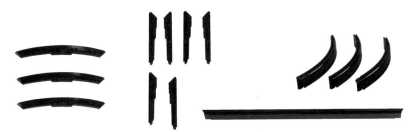

细部效果—牙子（效果图 14）

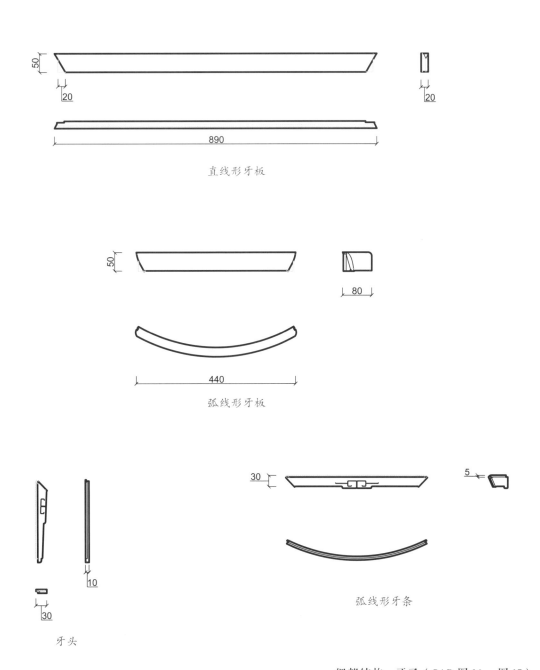

直线形牙板

弧线形牙板

牙头

弧线形牙条

细部结构—牙子（CAD 图 14～图 17）

267

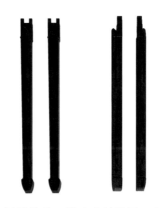

细部效果—腿子（效果图 15）

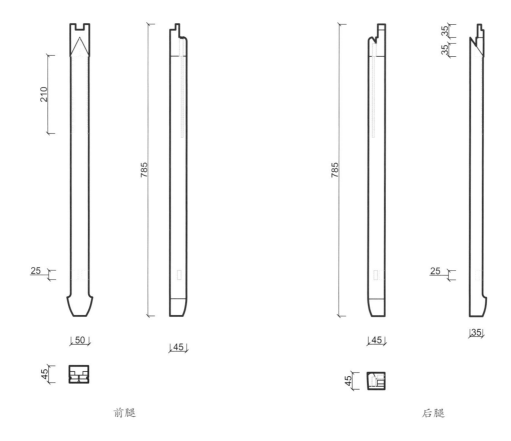

前腿

后腿

图版索引